国家中等职业教育改革发展示范学校建设项目成果系列教材

数控铣加工技术

郑有良　兰松云　主编
蒙红伟　文志刚　康雄伟　副主编
林秀朋　主审

科学出版社
北　京

内 容 简 介

本书的设计思路是以数控技术专业相关工作任务分析结果和职业能力为依据确定课程目标、设计课程内容；以工作任务为主线构建理实一体化、任务引型课程。按任务驱动、行动导向方式从易到难、从简单到复杂、循序渐进设计学习过程，让学生通过完成具体工作任务掌握相关的知识和技能，并发展职业能力。本书介绍平面铣削加工、凸台铣削加工、型腔铣削及孔和孔系加工、曲面铣削加工、组合件加工等内容。

本书可作为中等职业学校数控技术应用专业、模具设计与制造等专业的教学用书，也可作为数控加工技术岗位的培训教材及数控加工人员的参考书。

图书在版编目(CIP)数据

数控铣加工技术/郑有良，兰松云主编．—北京：科学出版社，2014
(国家中等职业教育改革发展示范学校建设项目成果系列教材)

ISBN 978-7-03-040752-8

Ⅰ.①数… Ⅱ.①郑…②兰… Ⅲ.①数控机床-铣床-加工-中等职业教育-教材 Ⅳ.①TG547

中国版本图书馆 CIP 数据核字(2014)第 111209 号

责任编辑：童安齐 / 责任校对：王万红
责任印制：吕春珉 / 封面设计：耕者设计工作室

科学出版社出版
北京东黄城根北街 16 号
邮政编码：100717
http://www.sciencep.com
北京中科印刷有限公司 印刷
科学出版社发行 各地新华书店经销
*
2014 年 8 月第 一 版 开本：787×1092 1/16
2021 年 8 月第五次印刷 印张：8 1/4
字数：182 000

定价：25.00 元

(如有印装质量问题，我社负责调换〈中科〉)
销售部电话 010-62136131 编辑部电话 010-62137026(BA08)

前　　言

本书是国家中等职业教育改革发展示范学校建设项目成果系列教材之一。

数控铣加工技术课程是中等职业学校数控技术应用专业的一门方向性课程，也是模具设计与制造专业的必修课程之一，适用于中等职业学校数控技术应用专业和模具设计与制造专业，是从事数控铣床操作岗位工作的必修课程，其主要功能是使学生学会加工常见零件，具备数控铣床的操作能力，能胜任数控铣床操作岗位。

本课程的设计思路是以数控技术专业相关工作任务分析结果和职业能力为依据确定课程目标、设计课程内容；以工作任务为主线构建理实一体化、任务引领课程。按任务驱动、行动导向方式从易到难、从简单到复杂、循序渐进设计学习过程，让学生通过完成具体工作任务掌握相关的知识和技能，并发展职业能力。

本课程的目的是培养学生数控铣床的操作能力。立足这一目的，本课程根据相关职业岗位关键能力的要求，结合国家数控铣四级操作工职业资格标准的要求，制定了九条课程目标。这九条目标分别涉及的是制定加工工艺能力、手工编程与自动编程的能力、常见零件的加工与检测能力、精益生产管理能力、团队合作精神、职业素养等。教材编写、教师授课、教学评价都应依据这一目标定位进行。

依据上述课程目标定位，本课程从工作任务方面对课程内容进行规划与设计，以使课程内容符合相关职业岗位要求。技能及其学习要求采取“能(会)做……”的形式进行描述，知识及其学习要求则采取“能描述……”和“能理解……”的形式进行描述，即区分了两个学习层次，“描述”是指学生能熟练识记知识点，“理解”是指学生把握知识点的内涵及其关系。结合工作任务培养职业能力。

本课程是一门以工作任务为核心内容的课程，其教学要以任务驱动为主要方法，实行理实一体化教学。教学可在实际操作数控铣床加工零件的职业情境中进行。在职业学习情境中，建议以工作内容为核心，实施理实一体化教学。可设计的工作任务包括平面零件、凸台零件、曲面零件、孔及孔系零件、组合零件加工等工作任务。每一个工作任务的学习都以实际零件加工为载体，并融入精益生产管理理念，以工作任务为中心整合所需相关知识与技能，实现理实一体化教学，给学生提供更多的动手机会，提高学生的数控铣床操作技能与精益生产管理能力。

课程目标：

- 能分析零件图与加工工艺；
- 能解释数控铣床指令的含义；
- 能比较熟练地填写工序卡；
- 能比较熟练地编写程序；
- 能比较熟练地加工零件；
- 具有良好的沟通和团队协作能力；

• 具有良好的分析问题、解决问题的能力；
• 具有良好的职业道德；
• 具有一定的精益生产管理能力。

本课程总课时建议为150学时。

本书可作为中等职业学校数控技术应用专业、模具设计与制造等专业的教学用书，也可以作为数控加工技术岗位的培训教材及数控加工人员的参考书。

本书由广西机电工业学校郑有良、兰松云担任主编，蒙红伟、文志刚、唐雄伟担任副主编。本书的编写工作安排如下：唐雄伟编写精益生产管理部分；郑有良编写单元1、单元4；侯文莉编写单元2中任务2“盒子凸模零件加工”、任务3“拨盘模型零件加工”，文志刚编写任务4“槽轮模型零件加工”、任务5“垫片凸模零件加工”，丁家献编写任务6“油桶起盖器零件加工”；黄小桂编写单元3中任务7“盒子凹模零件加工”，郑计斯编写任务8“压板零件加工”、任务11“垫片凸模板螺纹孔零件加工”，黄素品编写任务9“粉笔座零件加工”、任务10“凸轮零件加工”；林树雄编写单元5。本书由学校与企业合作编写完成。在本书的编写过程中，得到柳工路创科技有限公司的大力支持，在此表示感谢。

由于作者水平所限，加之时间仓促，书中疏漏之处在所难免，欢迎广大读者提出宝贵意见。

电子邮箱：zhengyouliang31@163.com

编　者

2014年4月

目　　录

单元 1　平面铣削加工

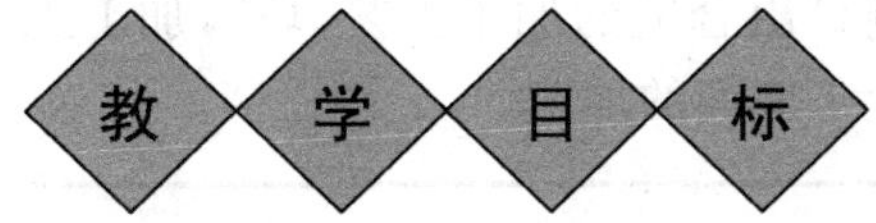

知识目标：

1. 掌握平面零件的加工要素。
2. 掌握平面零件的加工过程。
3. 能描述平面零件相关编程指令的含义。

技能目标：

1. 能填写平面零件的加工工序卡。
2. 能编写平面铣削的数控加工程序。
3. 能完成平面铣削加工。

态度目标：

1. 能够严格遵守安全文明生产规定及数控铣床安全操作规程。
2. 能积极关注精益生产管理理念。

任务1　方块零件加工

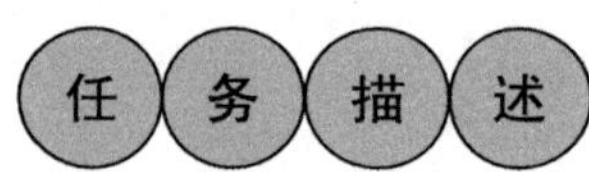

接到“方块”零件(图1-1)加工任务,通过分析,制订出合适的加工工艺,填写加工工序卡,编制出合适的数控加工程序,完成“方块”零件上下底面的加工。

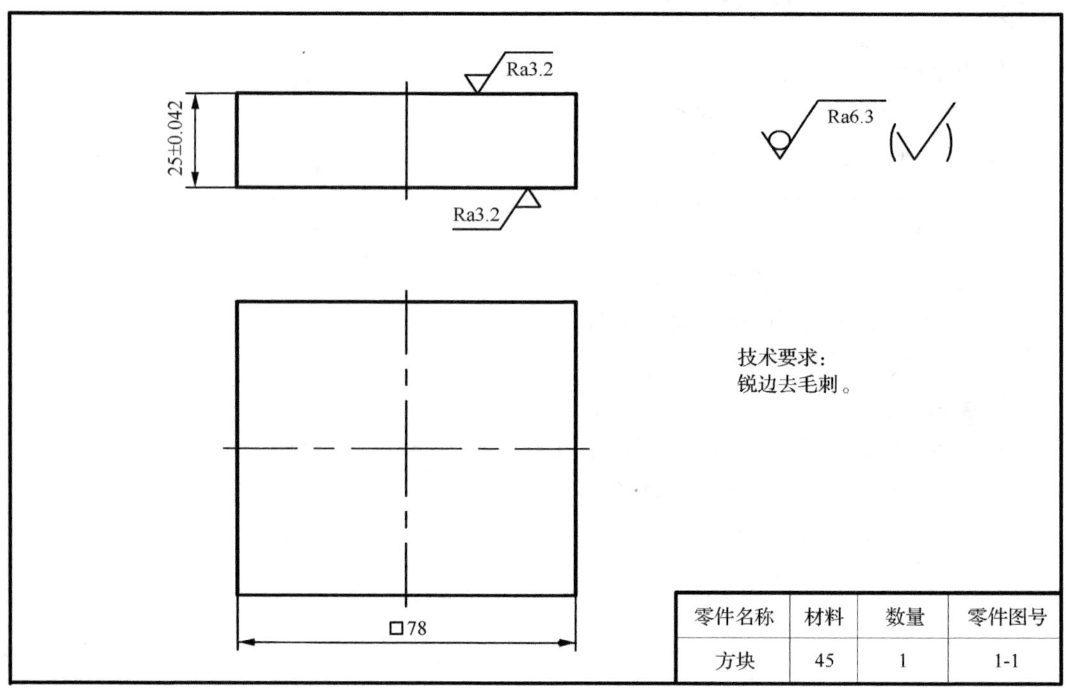

图1-1　方块零件(单位:mm,下同)

1.1.1　零件分析

1. 零件图分析

零件名称为“方块”,零件材料为45钢,尺寸标注完整,尺寸25的极限偏差为±0.042,不需要加工的表面粗糙度要求为Ra6.3,要加工的表面粗糙度要求为Ra3.2,无热处理要求,构成零件轮廓的几何元素完整,属单件小批量生产。

2. 加工工艺性分析

通过对零件图分析可知,该零件切削加工工艺性好,符合经济型数控铣床的加工范围。

1.1.2　零件加工工艺准备

1. 毛坯选择

零件毛坯如图 1-2 所示，已在普通机床完成坯件上下表面和四个侧面的预加工。

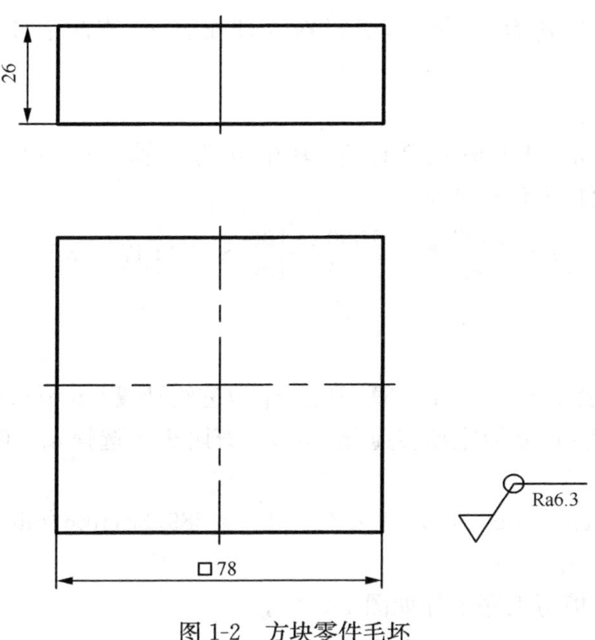

图 1-2　方块零件毛坯

2. 工艺路线拟定

1）选择表面加工的方法
零件上下表面的粗糙度要求为 Ra3.2，可以用端铣刀粗铣后再精铣完成。
2）安排加工顺序
先粗、精铣上表面，再粗、精铣下表面。

3. 各工序加工余量确定

粗铣留余量 0.2mm。

4. 工艺装备选择

1）机床选择
可以选择经济型三轴控制立式数控铣床。
2）夹具选择
本次生产属于单件小批量生产，所以可以选择通用夹具机用平口钳。
3）刀具选择
为了提高生产率，可以选择 7 刃 ϕ100 硬质合金面铣刀。

4）量具选择

根据零件图的尺寸精度要求，可以选择通用量具游标卡尺和粗糙度样板。

5. 切削用量选择

1）切削速度 v_c

对于精铣，工件材料为 45 钢，刀具材料为硬质合金，查附表 1 选择切削速度 $v_c=100\text{m/min}$。

2）主轴转速 n

主轴转速可按 $n=1000v_c/\pi D$ 计算，其中 n 为主轴转速（r/min），D 为铣刀直径（mm）。把相关数值代入计算如下：

$$n=\frac{1000v_c}{\pi D}=\frac{1000\times 100}{3.14\times 100}\approx 318.47(\text{r/min})$$

取整 $n=318\text{r/min}$。

3）进给速度 v_f

进给速度可按公式 $v_f=a_f zn$ 计算，其中 v_f 为进给速度（mm/min），a_f 为每齿进给量（mm/z），z 为铣刀齿数，n 为主轴转速（r/min）。查附表 2 选择 $a_f=0.13\text{mm}/z$，把相关数值代入计算如下：

$$v_f=a_f zn=0.13\times 7\times 318=289.38(\text{mm/min})$$

取整 $v_f=289\text{mm/min}$。

根据加工工艺，填写工序卡片如图 1-3 所示。

1.1.3 零件加工程序编制

1. 工件零点确定

工件零点选择在零件上表面的几何中心位置，如图 1-3 卡片中的图所示。

2. 走刀路线确定

（1）铣削方式。铣削方式有顺铣、逆铣、对称铣，采用对称铣。

（2）下刀方式。在毛坯外面空旷处直插下刀，下刀点坐标为（X-95.0，Y0），保证下刀时刀具不碰到零件。

（3）切入切出路线。采取直线切入切出的路线，切出点坐标为（X-95.0，Y0）。

3. 节点坐标计算

本零件铣平面用到两点坐标，从点（X-95.0，Y0）开始下刀铣削，到点（X-95.0，Y0）铣削结束，抬刀。

数控加工工序卡片	产品型号	1-1	零件图号	1-1	第 1 页	第 1 页
	产品名称	方块	零件名称	方块	共 1 页	第 1 页

车间	工序号	工序名称	材料牌号
现代制造	10	数控铣	45
毛坯种类	毛坯外形尺寸		每台件数
方块	78×78×26		1
设备名称	设备型号	设备编号	同时加工件数
立式数控铣床	XD-40	CNC01	1
夹具编号		夹具名称	切削液
PKQ01		平口钳	LF350 长效金属切削液
工位器具编号		工位器具名称	工序工时
			准终 / 单件

	工步号	工步内容	工艺设备	主轴转速/(r/min)	进给速度/(mm/min)	切削深度/mm	进给次数	刀补地址 半径	刀补地址 长度	工步工时 机动	工步工时 辅助
描　图	10	粗铣上表面,留余量 0.2	ϕ100 面铣刀、锉刀、游标卡尺	318	300	0.3	1	—	H01		
	20	精铣上表面,保证粗糙度 Ra3.2	ϕ100 面铣刀、粗糙度样板、游标卡尺	318	289	0.5	1	—	H01		
描　校	30	翻面,粗铣下表面,留余量 0.2	ϕ100 面铣刀、锉刀、游标卡尺	318	300						
	40	精铣下表面,保证尺寸 25±0.042、粗糙度 Ra3.2	ϕ100 面铣刀、粗糙度样板、游标卡尺	318	300						
底图号	50										
	60										
装订号	70										

标记	更改文字号	签名	日期	标记	更改文字号	签名	日期	设计(日期)	审核(日期)	标准化(日期)	会签(日期)

图 1-3　方块零件数控加工工序卡片

4. 加工程序编制

根据要求，编制出铣平面的加工程序(以 FANUC Series Oi Mate-MC 数控系统为例，全书同)如下：

```
%
O1001;
N10 G21 G40 G80 G54 G90 G49;
N20 M03 S318;
N30 M08;
N40 G00 X95.0 Y0;
N50 G43 G00 Z50.0 H01;
N60 G01 Z-0.5 F289;
N70 G01X-95.0 Y0 F289;
N80 G00 Z50.0;
N90 M09;
N100 M05;
N110 M30;
%
```

1.1.4 零件加工

1. 开机前准备

(1) 到物料存放区准备好物料、工量具等物品并拿到工位规定的位置放好。
(2) 进行设备点检，填写设备点检表(见附表 3)。

2. 开机

具体操作按照相关数控铣床的操作要求进行。

3. 回参考点

具体操作按照相关数控铣床的操作要求进行。

4. 零件装夹

检查毛坯尺寸，用平口虎钳装夹毛坯，底部用等高垫铁垫起，让毛坯伸出钳口约 5mm。

5. 装刀及设置工件坐标系

(1) 在机床上安装 ϕ100 面铣刀，测出其长度补偿值，并把该值输入到 H01 地址中。
(2) 按照工序卡的要求设置好 G54 工件坐标系。

6. 程序录入及校验

把名为"01001"的程序录入数控机床中，并校验程序保证无误。

7. 零件加工

按照机床的操作要求运行程序，加工零件上表面后，去毛刺，检查表面粗糙度合格后，翻面装夹校正，重新设置刀具长度补偿和 G54 工件坐标系，再次运行程序，加工下表面，测量尺寸无误、检查表面粗糙度合格后方可拆卸零件。

8. 零件检测

把加工好的零件送到质量确认站，按照零件图的要求检测，评出合格品、不良品、废品，填写到"方块零件考核评价表"中。

9. 工位 5S 作业

按照 5S 作业要求，对工位进行 5S 作业。

10. 关机

按相关要求关机。

11. 成品入库

完成工作任务后，成品入库保存。

问题与思考：本次工作任务只是要求加工零件上、下两个平面，如果方块的六个平面都要求加工，又该怎么样安排加工工艺呢?

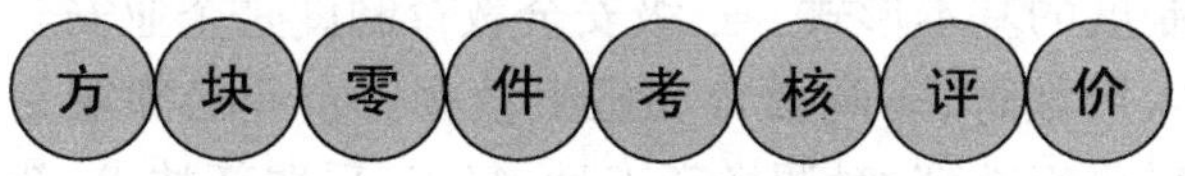

零件图号			操作员		消耗工时
序号	评价内容	评价等级	评价标准	自评结果 (在相应位置打√)	第三方评价结果 (在相应位置打√)
1	安全文明生产	优秀　良好　一般	始终按操作规程进行操作且无事故发生的为优秀，有 1 次小问题发生的为良好；有 2 次小问题发生的为一般，不得有重大事故发生		
2	岗位 5S 作业	优秀　良好　一般	按标准岗位 5S 作业要求做的为优秀，有 1 处没做好的为良好；有 2 处以上没做好的为一般		

续表

零件图号			操作员		消耗工时
序号	评价内容	评价等级	评价标准	自评结果（在相应位置打√）	第三方评价结果（在相应位置打√）
3	Ra3.2	优秀 良好 一般	粗糙度值小于 Ra3.2 为优秀；达到 Ra3.2 为良好；有瑕疵为一般	___ ___ ___	___ ___ ___
4	25	合格 不良 报废	最终尺寸在 25±0.042 的为优秀；尺寸不合格但可修复的为不良；尺寸不合格且不可修复的为报废	尺寸:___ ___ ___	尺寸:___ ___ ___
5	工件总体评价	合格品 不良品 废品	Ra3.2 合格、25 尺寸在 25±0.042 的为合格品；Ra3.2、25 尺寸达不到要求但可修复的为不良品；Ra3.2、25 尺寸达不到要求且不可修复的为废品	___ ___ ___	___ ___ ___

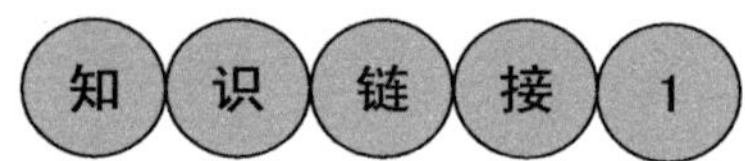

三级安全教育

三级安全教育是指新入厂职员、工人的厂级安全教育、车间级安全教育和岗位（工段、班组）安全教育，厂矿企业安全生产教育制度的基本形式。三级安全教育制度是企业安全教育的基本教育制度。三级安全教育是入厂教育、车间教育和班组教育。企业必须对新工人进行安全生产的入厂教育、车间教育、班组教育；对调换新工种、复工，采取新技术、新工艺、新设备、新材料的工人，必须进行新岗位、新操作方法的安全卫生教育，受教育者，经考试合格后，方可上岗操作。

厂级教育内容

(1) 讲解劳动保护的意义、任务、内容和其重要性，使新入厂的职工树立起“安全第一”和“安全生产，人人有责”的思想。

(2) 介绍企业的安全概况，包括企业安全工作发展史，企业生产特点，工厂设备分布情况（重点介绍接近要害部位、特殊设备的注意事项），工厂安全生产的组织。

(3) 介绍国务院颁发的《全国职工守则》和《中华人民共和国劳动法》《中华人民共和国劳动合同法》以及企业内设置的各种警告标志和信号装置等。

(4) 介绍企业典型事故案例和教训，抢险、救灾、救人常识以及工伤事故报告程序等。

厂级安全教育一般由企业安技部门负责进行，时间为4～16课时。讲解应和看图片、参观劳动保护教育室结合起来，并应发一本浅显易懂的相关规定的手册。

车间级教育内容

(1) 介绍车间的概况，如车间生产的产品、工艺流程及其特点，车间人员结构、安全生产组织状况及三级安全教育活动情况，车间危险区域、有毒有害工种情况，车间劳动保护方面的规章制度和对劳动保护用品的穿戴要求和注意事项，车间事故多发部位、原因，有什么特殊规定和安全要求，介绍车间常见事故和对典型事故案例的剖析，介绍车间安全生产中的好人好事，车间文明生产方面的具体做法和要求。

(2) 根据车间的特点介绍安全技术基础知识，如冷加工车间的特点是金属切削机床多、电气设备多、起重设备多、运输车辆多、各种油类多、生产人员多和生产场地比较拥挤等。机床旋转速度快、力矩大，要教育工人遵守劳动纪律，穿戴好防护用品，小心衣服，发辫被卷进机器，手被旋转的刀具擦伤。要告诉工人在装夹、检查、拆卸、搬运工件特别是大件时，要防止碰伤、压伤、割伤；调整工夹刀具、测量工件、加油以及调整机床速度时均必须停车进行；擦车时要切断电源，并悬挂警告牌，清扫铁屑时不能用手拉，要用钩子钩；工作场地应保持整洁，道路畅通；装砂轮要恰当，附件要符合要求规格，砂轮表面和托架之间的空隙不可过大，操作时不要用力过猛，站立的位置应与砂轮保持一定的距离和角度，并戴好防护眼镜；加工超长、超高产品，应有安全防护措施等。其他如铸造、锻造和热处理车间、锅炉房、变配电站、危险品仓库、油库等，均应根据各自的特点，对新工人进行安全技术知识教育。

(3) 介绍车间防火知识，包括防火的方针，车间易燃易爆品的情况，防火的要害部位及防火的特殊需要，消防用品放置地点，灭火器的性能、使用方法，车间消防组织情况，遇到火险如何处理等。

(4) 组织新工人学习安全生产文件和安全操作规程制度，并应教育新工人尊敬师傅，听从指挥，安全生产。车间安全教育由车间主任或安技人员负责，授课时间一般需要4～8课时。

班组级教育内容

(1) 本班组的生产特点、作业环境、危险区域、设备状况、消防设施等。重点介绍高温、高压、易燃易爆、有毒有害、腐蚀、高空作业等方面可能导致发生事故的危险因素，交代本班组容易出事故的部位和典型事故案例的剖析。

(2) 讲解本工种的安全操作规程和岗位责任，重点讲思想上应时刻重视安全生产，自觉遵守安全操作规程，不违章作业；爱护和正确使用机器设备和工具；介绍各种安全活动以及作业环境的安全检查和交接班制度。告诉新工人出了事故或发现了事故隐患，应及时报告领导，采取措施。

(3) 讲解如何正确使用爱护劳动保护用品和文明生产的要求。要强调机床转动时不准戴手套操作，高速切削要戴保护眼镜，女工进入车间要戴好工帽，进入施工现场和登高作业必须戴好安全帽、系好安全带，工作场地要整洁，道路要畅通，物件堆放要整齐等。

(4) 实行安全操作示范。组织重视安全、技术熟练、富有经验的老工人进行安全操作示范,边示范、边讲解,重点讲安全操作要领,说明怎样操作是危险的,怎样操作是安全的,不遵守操作规程将会造成的严重后果。

开展三级安全教育应按下列程序进行:在新职工到人事部门一报到,人事部门就应通知其到安全部门接受厂级安全教育,经教育考核合格后填写教育卡片,人事部门根据教育卡片开出分配调令到二级单位,二级单位再对其进行分厂(车间)级教育,经考核合格后填写教育卡片,该职工再携卡被分配到班组接受班组教育,考核合格后再填写教育卡片,其后分配到岗位学习,三级安全教育就应严格遵守这样的程序。然而,我们有些单位却不明此理,有的未进行厂级教育就被分配到二级单位,在安全部门事后知道再补厂级安全教育,造成教育的"滞后"。

根据安监总局颁布的《生产经营单位安全培训规定》第 15 条规定:生产经营单位新上岗的从业人员,岗前培训时间不得少于 24 学时。煤矿、非煤矿山、危险化学品、烟花爆竹等生产经营单位新上岗的从业人员的安全培训时间不得少于 72 学时,每年接受再培训的时间不得少于 20 学时。

单元 2　凸台铣削加工

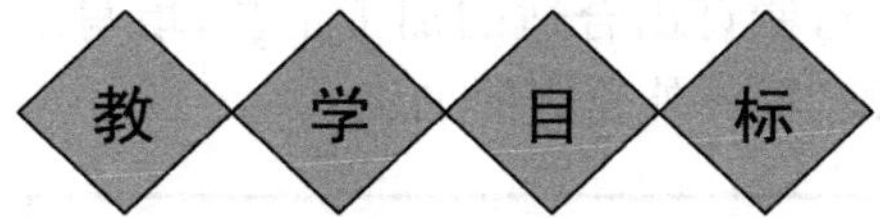

知识目标：

1. 掌握刀具半径补偿的建立要点。
2. 掌握凸台零件的加工过程。
3. 能描述凸台零件相关编程指令的含义。

技能目标：

1. 能完成凸台零件工序卡的填写。
2. 能编写凸台零件铣削的数控加工程序。
3. 能完成凸台零件铣削加工。

态度目标：

1. 具有良好的职业素养。
2. 具有良好的编程习惯。
3. 具有节约、高效的意识。

任务 2　盒子凸模零件加工

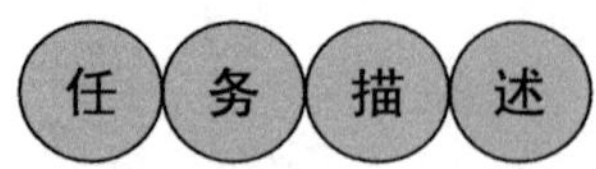

接到"盒子凸模"零件(图 2-1)加工任务，通过分析，制订出合适的加工工艺，填写加工工序卡，编制出合适的数控加工程序，完成"盒子凸模"零件外轮廓的加工。

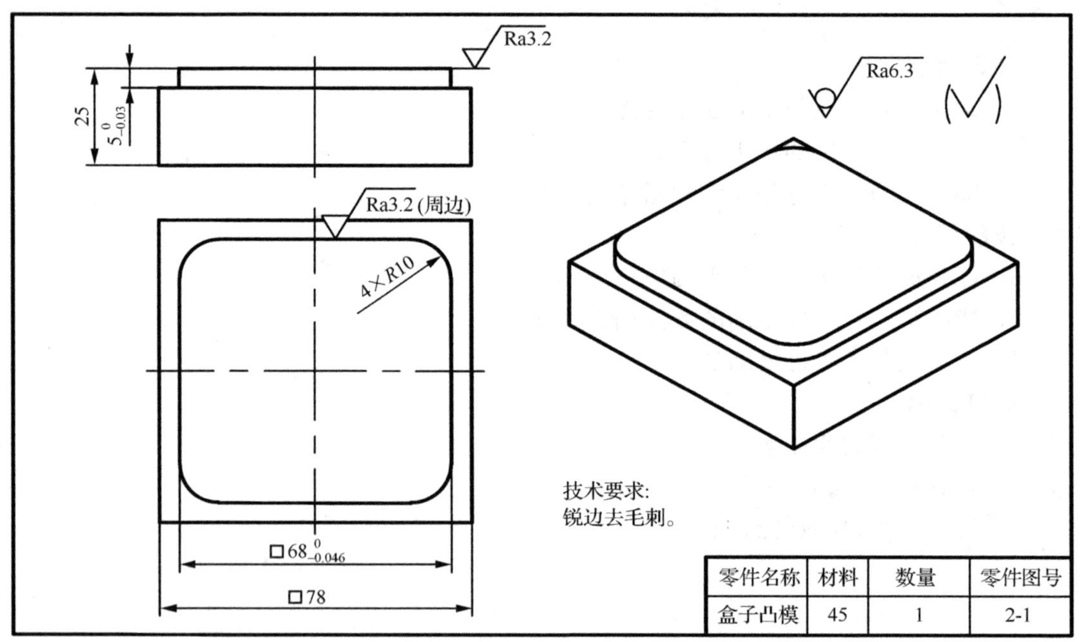

零件名称	材料	数量	零件图号
盒子凸模	45	1	2-1

图 2-1　盒子凸模零件

2.2.1　零件分析

1. 零件图分析

零件名称为"盒子凸模"，零件材料为 45 钢，尺寸标注完整，其中"盒子凸模"的长、宽尺寸为 $68_{-0.046}^{0}$，其公差要求较高，与 $5_{-0.03}^{0}$ 是加工时需重点保证的尺寸。其他为自由公差，不需要加工的表面粗糙度要求为 Ra6.3，要加工的表面粗糙度要求为 Ra3.2，无热处理要求，构成零件轮廓的几何元素简单完整，属单件小批量生产。

2. 加工工艺性分析

通过对零件图分析可知，该零件切削加工工艺性好，符合经济型数控铣床的加工范围。

2.2.2 零件加工工艺准备

1. 毛坯选择

本次加工可以利用任务 1 的“方料”成品作为毛坯。

2. 工艺路线拟定

1）选择表面加工的方法

零件要加工表面的粗糙度要求为 Ra3.2，可用端铣刀粗铣、半精铣、精铣完成。

2）安排加工顺序

根据毛坯情况，本零件的加工顺序为粗铣、半精铣、精铣，保证尺寸 $68_{-0.046}^{\ 0}$、$5_{-0.03}^{\ 0}$ 和粗糙度 Ra3.2。

3. 各工序加工余量确定

根据毛坯情况可知，轮廓单边余量为 5mm，可单边留 0.2mm 的余量给半精加工，留 0.1 余量给精加工。

4. 工艺装备选择

1）机床选择

可以选择经济型三轴控制立式数控铣床。

2）夹具选择

本次生产属于单件小批量生产，所以可以选择通用夹具机用平口钳。

3）刀具选择

粗铣可以选择 $\phi12$ 的高速钢键槽铣刀（两刃），半精铣和精铣可以选择 $\phi12$ 的硬质合金立铣刀（四刃）。

4）量具选择

根据零件图的尺寸精度要求，可以选择通用量具游标卡尺和量程为 50～75mm 的外径千分尺。

5. 切削用量选择

1）切削速度 v_c

（1）粗加工。根据工件材料为 45 钢，刀具材料为高速钢，查附表 1 选择切削速度 $v_c=30\text{m/min}$。

（2）半精加工和精加工。根据工件材料为 45 钢，刀具材料为硬质合金，查附表 1 选择切削速度 $v_c=80\text{m/min}$。

2）主轴转速 n

（1）粗加工。主轴转速可按 $n=1000v_c/\pi D$ 计算，其中 n 为主轴转速（r/min），D 为铣刀直径（mm）。把相关数值代入计算如下，即

$$n=\frac{1000v_c}{\pi D}=\frac{1000\times 30}{3.14\times 12}\approx 796.18(\text{r/min})$$

取整 n=796r/min。

(2) 半精加工和精加工。半精加工和精加工时，主轴转速可按 $n=1000v_c/\pi D$ 计算为

$$n=\frac{1000v_c}{\pi D}=\frac{1000\times 80}{3.14\times 12}\approx 2123.14(\text{r/min})$$

取整 n=2123r/min。

3) 进给速度 v_f

(1) 粗加工。给速度可按 $v_f=a_f zn$ 计算，其中 v_f 为进给速度(mm/min)，a_f 为每齿进给量(mm/z)，z 为铣刀齿数，n 为主轴转速(r/min)。查附表 2 选择 a_f=0.15mm/z。把相关数值代入计算如下：

$$v_f=a_f zn=0.15\times 2\times 796=238.8(\text{r/min})$$

取整 v_f=239r/min。

(2) 半精加工和精加工。进给速度可按公式 $v_f=a_f zn$ 计算，查附表 2 可选择 a_f=0.06mm/z。把相关数值代入计算如下：

$$v_f=a_f zn=0.06\times 4\times 2123=509.52(\text{r/min})$$

取整 v_f=509r/min。

综上所述，切削参数结果如表 2-1 所示。

表 2-1 盒子凸模零件切削参数

刀具规格	铣削方法	v_c/(m/min)	n/(r/min)	z	a_f/(mm/z)	v_f/(mm/min)
ϕ12 高速钢键槽铣刀(两刃)	粗铣	30	796	2	0.15	239
ϕ12 硬质合金立铣刀(四刃)	半精铣、精铣	80	2123	4	0.06	509

根据加工工艺，填写工序卡片如图 2-2 所示。

2.2.3 零件加工程序编制

1. 工件零点确定

工件零点选择在零件上表面的几何中心位置，如图 2-2 卡片中的图所示。

2. 走刀路线确定

(1) 铣削方式。为了保证表面粗糙度，粗加工、半精加工、精加工都采取顺铣的铣削方式。

(2) 下刀方式。在毛坯外空旷处直插下刀，下刀点 1 的坐标为(X0，Y-60.0)，保证下刀时刀具不碰到零件。

(3) 切入切出路线。采取圆弧切入切出的路线，圆弧切入起点 2 坐标为(X10.0，Y-44.0)，圆弧切出终点 13 坐标为(X-10.0，Y-44.0)。

数控加工工序卡片	产品型号	2-1	零件图号	2-1	第 1 页	第 1 页
	产品名称	盒子凸模	零件名称	盒子凸模	共 1 页	第 1 页

车间	工序号	工序名称	材料牌号
现代制造	10	数控铣	45
毛坯种类	毛坯外形尺寸		每台件数
方块	78×78×25		1
设备名称	设备型号	设备编号	同时加工件数
立式数控铣床	XD-40	CNC01	1

夹具编号	夹具名称	切削液	
PKQ01	平口钳	LF350 长效金属切削液	
工位器具编号	工位器具名称	工序工时	
		准终	单件

工步号	工步内容	工艺设备	主轴转速/(r/min)	进给速度/(mm/min)	切削深度/mm	进给次数	刀补地址 半径	刀补地址 长度	工步工时 机动	工步工时 辅助
10	粗铣 68×68 外轮廓，留余量 0.2	ϕ12 高速钢键槽铣刀、等高垫铁	796	239	5	1	D01	H01		
20	半精铣 68×68 外轮廓，留余量 0.1	ϕ12 硬质合金立铣刀、50～75mm 外径千分尺	2123	509	5	1	D02	H02		
30	精铣外轮廓，保证尺寸 $68_{-0.046}^{0}$	ϕ12 硬质合金立铣刀、50～75mm 外径千分尺	2123	509	5	1	D02	H02		

描图	描校	底图号	装订号

标记	更改文字号	签名	日期	标记	更改文字号	签名	日期	设计(日期)	审核(日期)	标准化(日期)	会签(日期)

图 2-2　盒子凸模零件数控加工工序卡片

3. 节点坐标计算

节点坐标可以按照如图 2-3 所示的点去计算。

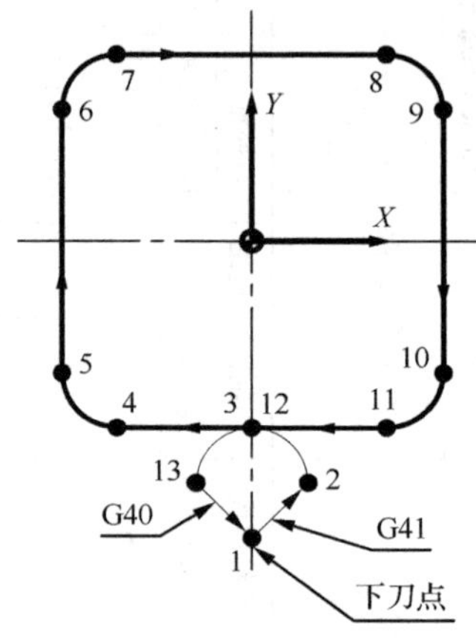

图 2-3　粗铣、半精铣、精铣走刀路线

4. 加工程序编制

根据要求，编制出盒子凸模的精加工程序如下：

%	N100 G01 X-34. Y34. ,R10. ;
O2001;	N110 G01 X34. Y34. ,R10. ;
N10 G21 G40 G80 G54 G90;	N120 G01 X34. Y-34. ,R10. ;
N20 M03 S2123;	N130 G01 X0;
N30 M08;	N140 G03 X-10. Y-44. 0 R10. ;
N40 G00 X0 Y-60. ;	N150 G00 Z50. ;
N50 G43 G00 Z50. 0 H01;	N160 G00 G40 X0 Y-60. ;
N60 G01 Z-5. F509;	N170 M09;
N70 G41 G01 X10. Y-44. 0 D01;	N180 M05;
N80 G03 X0 Y-34. 0 R10. ;	N190 M30;
N90 G01 X-34. Y-34. ,R10. ;	%

2.2.4　零件加工

按照零件的加工流程加工好零件：开机前准备、开机、回参考点、零件装夹、装刀及设置工件坐标系、零件加工、零件检测、工位 5S 作业、关机、成品入库保存。

本零件粗加工、半精加工、精加工都可以用名为“O2001”的程序，但要注意按本例的“数控加工工序卡”的要求修改“O2001”程序的主轴转速与进给速度。

拓展练习： 按要求加工下图所示零件。

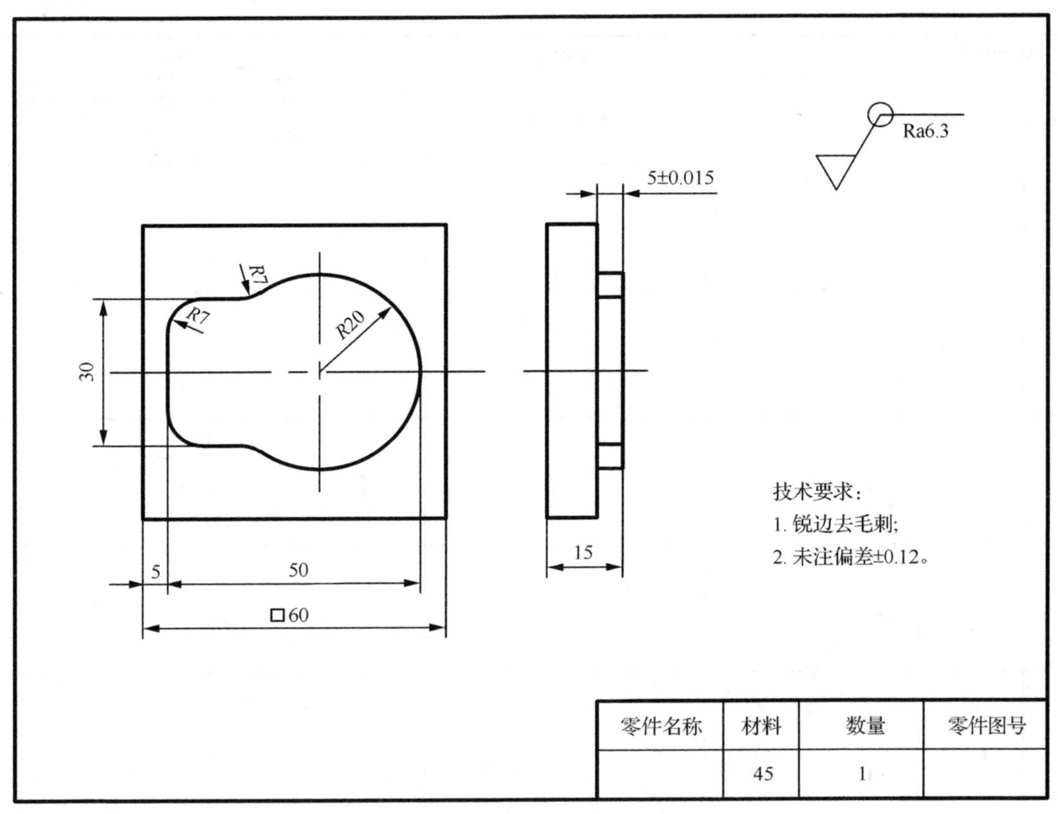

盒子凸模零件考核评价

零件图号			操作员		消耗工时	
序号	评价内容	评价等级	评价标准	自评结果（在相应位置打√）	第三方评价结果（在相应位置打√）	
1	安全文明生产	优秀　良好　一般	始终按操作规程进行操作且无事故发生的为优秀，有 1 次小问题发生的为良好；有 2 次小问题发生的为一般，不得有重大事故发生	___　___　___	___　___　___	
2	岗位 5S 作业	优秀　良好　一般	按标准岗位 5S 作业要求做的为优秀，有 1 处没做好的为良好；有 2 处以上没做好的为一般	___　___　___	___　___　___	

续表

零件图号			操作员		消耗工时	
序号	评价内容	评价等级	评价标准	自评结果 （在相应位置打√）	第三方评价结果 （在相应位置打√）	
3						
4						
5						
6						
7						

注：空白处可根据实验情况自行设定。

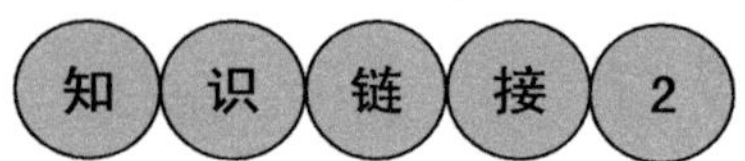

设备点检

为了提高、维持生产设备的原有性能，通过人的五感（视、听、嗅、味、触）或者借助工具、仪器，按照预先设定的周期和方法，对设备上的规定部位（点）进行有无异常的预防性周密检查的过程，以使设备的隐患和缺陷能够得到早期发现、早期预防、早期处理，这样的设备检查称为点检。

点检是车间设备管理的一项基本制度，目的是通过点检准确掌握设备技术状况，维持和改善设备工作性能，预防事故发生，减少停机时间，延长设备寿命，降低维修费用，保证正常生产。

设备管理部负责设备点检表的编制，编制时应根据设备进行分类，依据设备的说明书、操作规程等，制定详细的点检周期、点检内容，如下几个事项的检查内容：

（1）每日开机前应检查设备各类紧固件有无松动。

（2）设备各种指示灯的指示及各类表计有读数是否正常。

（3）设备各转动部位是否转动灵活，有无卡转、堵转现象，润滑是否良好。

(4) 设备各部件气压是否在规定范围之内，气路接头有无漏气现象，以及有无松动现象。

(5) 设备有无漏油、温度过高等情况。

(6) 设备上的水管及接头有无漏水现象。

(7) 设备的异常现象，跑、冒、滴、漏情况；发生紧急情况后(如漏电)，应立即停电，并马上上报设备管理部。

(8) 设备不用或下班后，必须停机，关闭总电源，房间灯开关，气阀门以及水阀门都必须关闭。使用部门在设备使用过程中，应注意设备运行状态。

生产各车间、设备管理部指定设备操作人员专人对设备进行点检，或者规定专人根据点检要求安排点检。具体要求如下：

(1) 定点。要详细设定设备应检查的部位、项目及内容，做到有目的、有方向地实施点检作业。

(2) 定标。制订标准，作为衡量和判别检查部位是否正常的依据。

(3) 定期。制订点检周期，按设备重要程度、检查部位是否重点等。

(4) 定人。制订点检项目的实施人员(生产、点检、专业技术人员等)。

(5) 定法。对检查项目制订明确的检查方法，即采用“五官”判别，还是借助于简单的工具、仪器进行判别。

点 检 周 期

(1) 日常点检——由岗位操作工或岗位维修工承担。

(2) 短周期点检——由专职点检员承担。

(3) 长周期点检——由专职点检员提出、委托检修部门实施。

(4) 精密点检——由专职点检员提出，委托技术部门或检修部门实施。

(5) 重点点检——当设备发生疑点时，对设备进行的解体检查或精密点检分工。

(6) 操作点检——由岗位操作工承担。

(7) 专业点检——由专业点检修户人员承担点检方法。

(8) 设备点检——依靠五感(视、听、嗅、味、触)进行检查。

(9) 小修理——小零件的修理和更改紧固、调整——弹簧、皮带、螺栓。

点 检 职 责

(1) 编制和修订所管设备的点检标准和点检计划。

(2) 协助进行所管设备操作规程的修改，制定修改维护规程和检修规程。

(3) 检查指导日常点检工作，对需专检的设备专业点检。

(4) 编制设备检修计划、备件计划、材料计划等各种计划。

(5) 参加设备事故管理。

(6) 负责检修工程的管理。

(7) 填写设备技术档案。

(8) 上报设备管理报表。

设备点检表

设备点检表是由操作者每班负责对使用的设备进行前期检查，反映具体状态的记录性文件，是指导设备修理的重要前提，是让设备修理从消防队员转换为提前预防的关键步骤。

设备点检表如附表 3 所示。

任务 3　拨盘模型零件加工

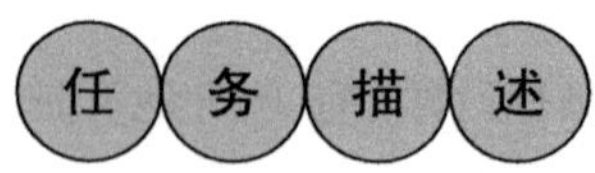

接到“拨盘模型”零件(图 3-1)加工任务，通过分析，制订出合适的加工工艺，填写加工工序卡，编制出合适的数控加工程序，完成“拨盘模型”零件的加工。

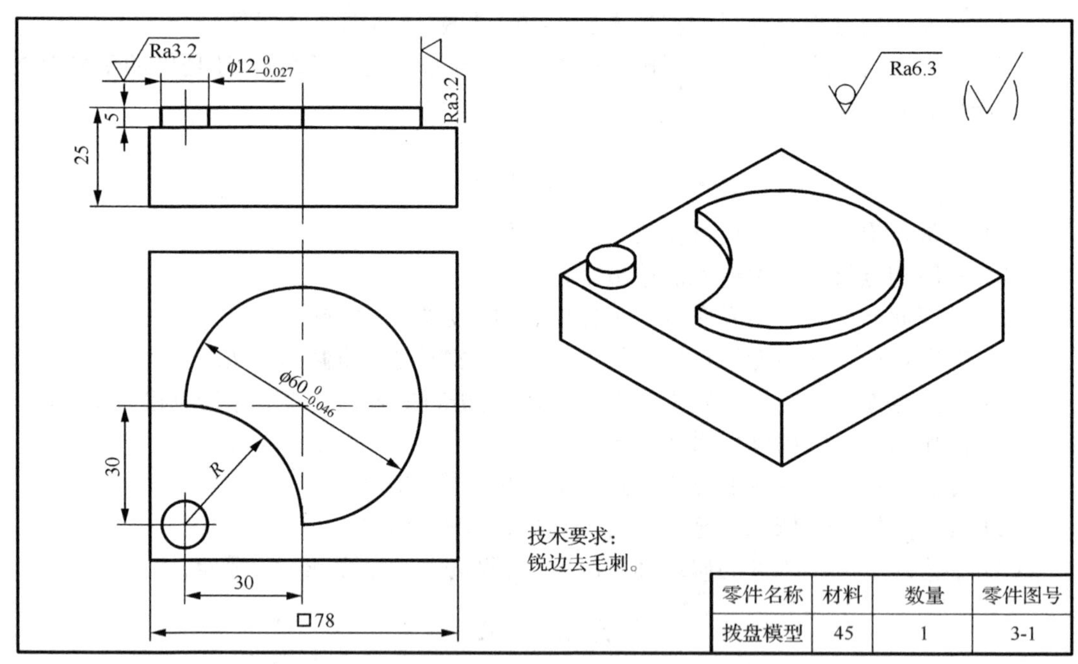

图 3-1　拨盘模型零件

2.3.1　零件分析

1. 零件图分析

零件名称为“拨盘模型”，零件材料为 45 钢，尺寸标注完整，$\phi60$ 的圆弧与 $\phi12$ 的圆柱有公差要求，不需要加工的表面粗糙度要求为 Ra6.3，要加工的表面粗糙度要求为 Ra3.2，无热处理要求，构成零件轮廓的几何元素完整，属单件小批量生产。

2. 加工工艺性分析

通过对零件分析可知，该零件切削加工工艺性好，符合经济型数控铣床的加工范围。

2.3.2　零件加工工艺准备

1. 毛坯选择

零件毛坯如图 3-2 所示，已在普通机床完成坯件的加工。

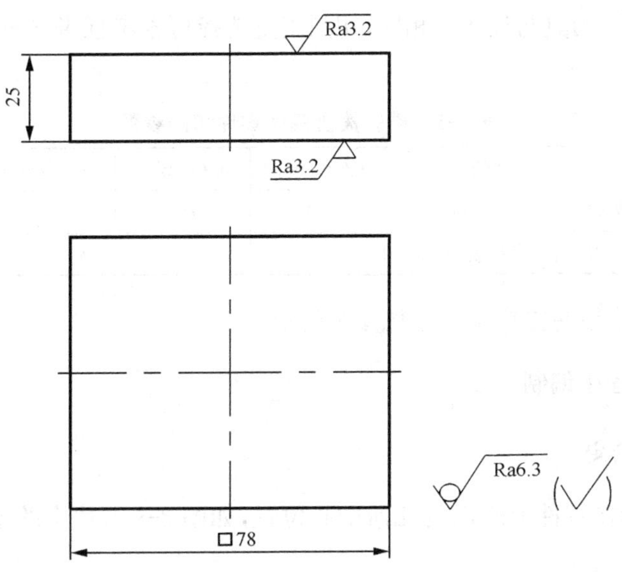

图 3-2　拨盘模型零件毛坯

2. 工艺路线拟定

1）选择表面加工的方法

零件要加工表面的粗糙度要求为 Ra3.2，可用端铣刀粗铣、半精铣、精铣完成。

2）安排加工顺序

先粗铣去除余量，再半精铣、精铣，保证尺寸 $\phi60_{-0.046}^{0}$ 和 $\phi12_{-0.027}^{0}$ 及粗糙度 Ra3.2。

3. 各工序加工余量确定

粗加工可留余量 0.2mm，半精加工可留余量 0.1mm。

4. 工艺装备选择

1）机床选择

可以选择经济型三轴控制立式数控铣床。

2）夹具选择

本次生产属于单件小批量生产，所以可以选择通用夹具机用平口钳。

3）刀具选择

粗加工可以选择ϕ12的高速钢键槽铣刀（两刃），半粗加工和精加工可以选择ϕ12的硬质合金立铣刀（四刃）。

4）量具选择

根据零件图的尺寸精度要求，可以选择通用量具游标卡尺和ϕ0～25mm、ϕ50～75mm外径千分尺。

5. 切削用量选择

由于本任务所选刀具与任务2相同，切削用量选择可参考任务2的内容，结果如表3-1所示。

表3-1　槽轮拨盘模型零件切削参数

刀具规格	铣削方法	v_c/(m/min)	n/(r/min)	z	a_f/(mm/z)	v_f/(mm/min)
ϕ12高速钢键槽铣刀（两刃）	粗铣	30	796	2	0.15	239
ϕ12硬质合金立铣刀（四刃）	半精铣、精铣	80	2123	4	0.06	509

根据加工工艺，填写工序卡片如图3-3所示。

2.3.3　零件加工程序编制

1. 工件零点确定

工件零点选择在零件上表面的几何中心位置，如图3-3卡片中的图所示。

2. 走刀路线确定

（1）铣削方式。半精铣、精铣采用顺铣的铣削方式。

（2）下刀方式。在毛坯外空旷处直插下刀，要保证下刀时刀具不碰到零件。

（3）切入切出路线　半精铣、精铣采取圆弧切入切出的走刀路线如图3-4所示。

3. 节点坐标计算

按照走刀路线（图3-4）的要求计算节点坐标。

4. 加工程序编制

根据加工工艺要求，编制出槽轮拨盘模型零件的精加工参考程序如24页所示。

2.3.4　零件加工

按照零件的加工流程加工好零件。需要注意的是，名为“03001”的程序只适合半精加工与精加工，不适合粗加工。

问题与思考：

根据毛坯的情况，如果只是单纯地改大刀具半径补偿和调整好切削参数用“03001”的

数控加工工序卡片	产品型号	3-1	零件图号	3-1	第 1 页	第 1 页
	产品名称	拨盘模型	零件名称	拨盘模型	共 1 页	第 1 页

车间	工序号	工序名称	材料牌号
现代制造	10	数控铣	45
毛坯种类	毛坯外形尺寸		每台件数
方块	78×78×25		1
设备名称	设备型号	设备编号	同时加工件数
立式数控铣床	XD-40	CNC01	

夹具编号	夹具名称	切削液	
PKQ01	平口钳	LF350 长效金属切削液	
工位器具编号	工位器具名称	工序工时	
		准终	单件

工步号	工步内容	工艺设备	主轴转速/(r/min)	进给速度/(mm/min)	切削深度/mm	进给次数	刀补地址 半径	刀补地址 长度	工步工时 机动	工步工时 辅助
10	粗铣两凸台,尺寸 $\phi60$、$\phi12$ 留余量 0.2	$\phi12$ 高速钢立铣刀、游标卡尺	796	239	5	1	D01	H01		
20	半精铣铣两凸台,尺寸 $\phi60$、$\phi12$ 留余量 0.1	$\phi12$ 硬质合金立铣刀、$\phi0\sim25$mm、$\phi50\sim75$mm 外径千分尺	2123	509	5	1	D01	H02		
30	精铣铣两凸台,保证尺寸 $\phi60_{-0.046}^{\ 0}$ 和 $\phi12_{-0.027}^{\ 0}$ 及粗糙度 Ra3.2	$\phi12$ 硬质合金立铣刀、$\phi0\sim25$mm、$\phi50\sim75$mm 外径千分尺	2123	509	5	1	D02	H02		

描图　描校　底图号　装订号

标记	更改文字号	签名	日期	标记	更改文字号	签名	日期	设计(日期)	审核(日期)	标准化(日期)	会签(日期)

图 3-3 拨盘模型零件数控加工工序卡片

程序去粗加工的话，毛坯的上下和右下角会有多余的材料没有去除。所以，怎样才能在粗加工时去除这些多余的材料呢？

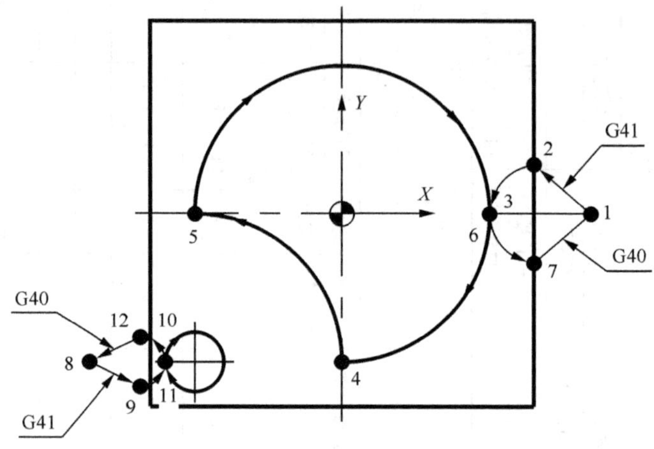

图 3-4　半精铣、精铣走刀路线

精加工参考程序：

```
%
O3001;
G54 G21 G90 G80 G40 G49;
M03 S2123;
N10 M08 G00 X50.0 Y0;
G43 Z50.0 H02;
G01 Z-5.0 F509;
N20 G41 G01 X40.0 Y10.0 D02;
N30 G03 X30.0 Y0 R10.0;
N40 G02 X0 Y-30.0 R30.0;
N50 G03 X-30.0 Y0 R30.0;
N60 G02 X30.0 Y0 R30.0;
N70 G03 X40.0 Y-10.0 R10.0;
G00 Z50.0
N80 G40 G00 X-60.0 Y-30.0;
G01 Z-5.0 F509;
N90 G41 G01 X-46.0 Y-46.0 D02 F509;
N100 G03 X-30.0 Y-30.0 R10.0;
N110 G02 X-30.0 Y-30.0 16.0 J0;
N120 G03 X-46.0 Y24.0 R10.0;
G00 Z50.0;
G40 X-60.0 Y-30.0
M30;
%
```

拨盘模型零件考核评价

零件图号			操作员		消耗工时
序号	评价内容	评价等级	评价标准	自评结果 （在相应位置打√）	第三方评价结果 （在相应位置打√）
1	安全文明生产	优秀　良好　一般	始终按操作规程进行操作且无事故发生的为优秀，有1次小问题发生的为良好；有2次小问题发生的为一般，不得有重大事故发生	___　___　___	___　___　___

续表

零件图号			操作员		消耗工时
序号	评价内容	评价等级	评价标准	自评结果（在相应位置打√）	第三方评价结果（在相应位置打√）
2	岗位5S作业	优秀　良好　一般	按标准岗位5S作业要求做的为优秀，有1处没做好的为良好；有2处以上没做好的为一般	___　___　___	___　___　___
3					
4					
5					
6					
7					

注：空白处可根据实际情况自行设定。

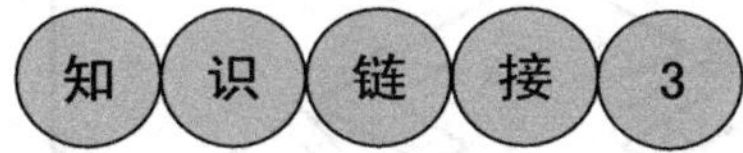

5S

“5S”是整理(seiri)、整顿(seiton)、清扫(seiso)、清洁(seiketsu)和素养(shitsuke)这5个词的缩写。5S起源于日本，是指在生产现场对人员、机器、材料、方法等生产要素进行有效管理，这是日本企业独特一种管理办法。开展以整理、整顿、清扫、清洁和素养为内容的活动，称为“5S”活动。

“5S”活动的对象是现场的“环境”，它对生产现场环境全局进行综合考虑，并制订切实可行的计划与措施，从而达到规范化管理。随着越来越多的日资等企业的进入，“5S管理”逐渐被国人所了解，并在国内部分企业中开花结果。现代管理引入安全(safety)和速度/节约(speed/saving)的概念，成为新的7S。

实施5S的目的

实施5S在改善生产现场环境、提升生产效率、保障产品品质、营造企业管理氛围以及创建良好的企业文化等方面取得显著效果：

(1) 提升企业形象，整齐清洁的工作环境，使顾客有信心，由于口碑相传，会成为学习的对象。

(2) 提升员工归属感，人人变得有素养，员工从身边小事的变化上获得成就感，对自己的工作易付出爱心与耐心。

(3) 提升效率，物品摆放有序，不用花时间寻找，有好的工作情绪。

(4) 保障品质，员工上下形成做事讲究的风气，品质自然有保障，机器设备的故障减少。

(5) 减少浪费 ，场所的浪费减少，节约空间和时间。

任务 4　槽轮模型零件加工

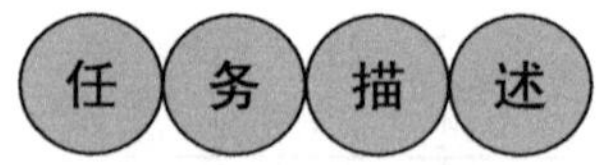

接到“槽轮模型”零件(图 4-1)加工任务，通过分析，制订出合适的加工工艺，填写加工工序卡，编制出合适的数控加工程序，完成“槽轮模型”零件的加工。

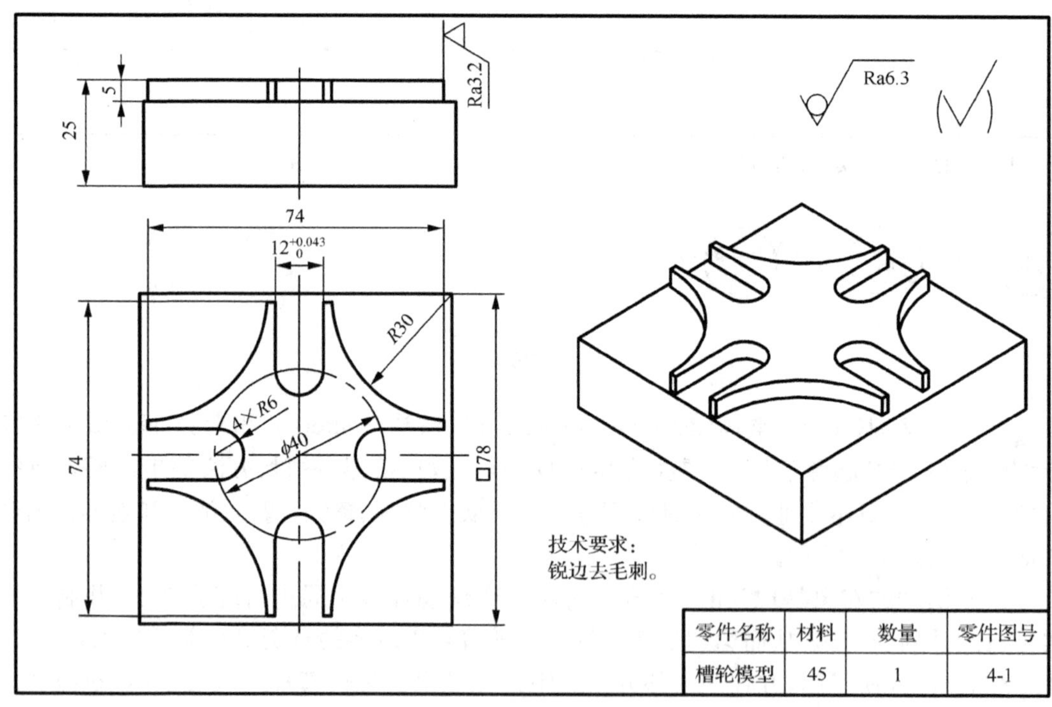

图 4-1　槽轮模型零件

2.4.1　零件分析

1. 零件图分析

零件名称为“槽轮模型”，零件材料为 45 钢，尺寸标注完整，除槽 $12^{+0.043}_{0}$ 尺寸有公差要求外的其余自由公差，不需要加工的表面粗糙度要求为 Ra6.3，要加工的表面粗糙度要求为 Ra3.2，无热处理要求，构成零件轮廓的几何元素完整，属单件小批量生产。

2. 加工工艺性分析

通过对零件图分析可知，该零件切削加工工艺性好，符合经济型数控铣床的加工范围。

2.4.2　零件加工工艺准备

1. 毛坯选择

零件毛坯如图 4-2 所示，已在普通机床完成坯件上、下表面和四个侧面的预加工。

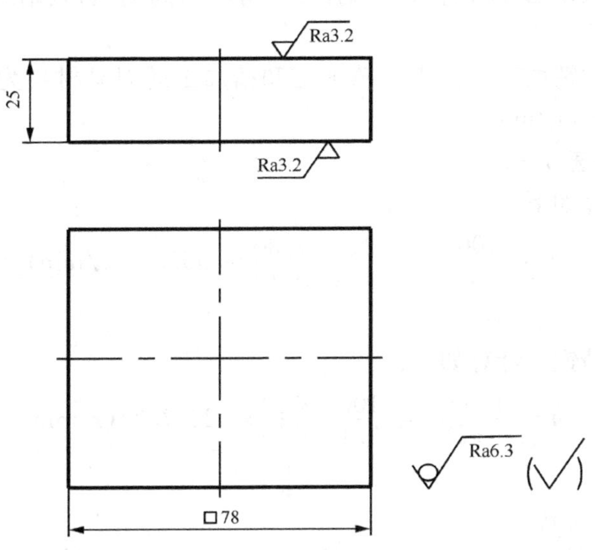

图 4-2　槽轮模型零件毛坯

2. 工艺路线拟定

1）选择表面加工的方法

零件要加工表面的粗糙度要求为 Ra3.2，可用端铣刀粗铣、半精铣、精铣完成。

2）安排加工顺序

先粗铣去除多余材料，再半精铣、精铣，保证尺寸 $12^{+0.043}_{0}$ 和粗糙度 Ra3.2。

3. 各工序加工余量确定

粗铣留余量 0.5mm，半精铣留余量 0.1mm。

4. 工艺装备选择

1）机床选择

可以选择经济型三轴控制立式数控铣床。

2）夹具选择

本次生产属于单件小批量生产，所以可以选择通用夹具机用平口钳。

3）刀具选择

粗加工选择 ϕ10 高速钢键槽铣刀（两刃），半精加工和精加工选择 ϕ10 硬质合金立铣刀（四刃）。

4）量具选择

根据零件图的尺寸精度要求，可以选择游标卡尺或内径千分尺。

5. 切削用量选择

1）切削速度 v_c

(1) 粗加工。根据工件材料为 45 钢，刀具材料为高速钢，查附表 1 选择粗铣切削速度 $v_c=30\text{m/min}$。

(2) 半精加工和精加工。由于半精加工和精加工的刀具材料为硬质合金，查附表 1 选择切削速度 $v_c=80\text{m/min}$。

2）计算主轴转速 n

(1) 粗铣。计算如下：

$$n=\frac{1000v_c}{\pi D}=\frac{1000\times 30}{3.14\times 10}\approx 955.41(\text{r/min})$$

取整 $n=955\text{r/min}$。

(2) 半精铣和精铣。计算如下：

$$n=\frac{1000v_c}{\pi D}=\frac{1000\times 80}{3.14\times 10}\approx 2547.77(\text{r/min})$$

取整 $n=2545\text{r/min}$。

3）计算进给速度 v_f

查附表 2 选择粗铣 $a_f=0.13\text{mm}/z$，精铣 $a_f=0.04\text{mm}/z$，计算如下：

$$\text{粗铣}\ v_f=a_f zn=0.13\times 2\times 955=248.3(\text{r/min})$$

取整 $v_f=248\text{r/min}$。

$$\text{半精铣和精铣}\ v_f=a_f zn=0.04\times 4\times 2545=407.2(\text{r/min})$$

取整 $v_f=407\text{r/min}$。

综上所述，切削参数如表 4-1 所示。

表 4-1　槽轮模型零件的切削参数

刀具规格	铣削方法	v_c/(m/min)	n/(r/min)	z	a_f/(mm/z)	v_f/(mm/min)
ϕ10 高速钢键槽铣刀（两刃）	粗铣	30	955	2	0.13	248
ϕ10 硬质合金立铣刀（四刃）	半精铣、精铣	80	2545	4	0.04	407

根据加工工艺，填写工序卡片如图 4-3 所示。

数控加工工序卡片	产品型号	4-1	零件图号	4-1	第1页	第1页
	产品名称	槽轮模型	零件名称	槽轮模型	共1页	第1页

车间	工序号	工序名称	材料牌号	
现代制造	10	数控铣	45	
毛坯种类	毛坯外形尺寸		每台件数	
方块	78×78×25		1	
设备名称	设备型号	设备编号	同时加工件数	
立式数控铣床	XD-40	CNC01		
夹具编号	夹具名称	切削液		
PKQ01	平口钳	LF350长效金属切削液		
工位器具编号	工位器具名称	工序工时		
		准终	单件	

工步号	工步内容	工艺设备	主轴转速/(r/min)	进给速度/(mm/min)	切削深度/mm	进给次数	刀补地址		工步工时	
							半径	长度	机动	辅助
10	粗铣轮廓，留余量0.5	ϕ10高速钢立铣刀、游标卡尺	955	248	5	1	D01	H01		
20	半精铣轮廓，留余量0.1	ϕ10硬质合金立铣刀、内径千分尺	2545	407	5	1	D02	H02		
30	精铣槽轮廓至尺寸	ϕ10硬质合金立铣刀、内径千分尺	2545	407	5	1	D02	H02		
40										
50										
60										
70										

描图	描校	底图号	装订号

标记		更改文字号	签名	日期	标记		更改文字号	签名	日期	设计(日期)	审核(日期)	标准化(日期)	会签(日期)	

图 4-3　槽轮模型零件数控加工工序卡片

2.4.3　零件加工程序编制

1. 工件零点确定

工件零点选择在零件上表面的几何中心位置，如图 4-3 所示卡片中的图所示。

2. 走刀路线确定

（1）铣削方式。选择顺铣。

（2）下刀方式。在毛坯外空旷处直插下刀至深度。

（3）切入切出路线。用延长线切入切出的方式进出刀，精加工走刀路线如图 4-4 所示。

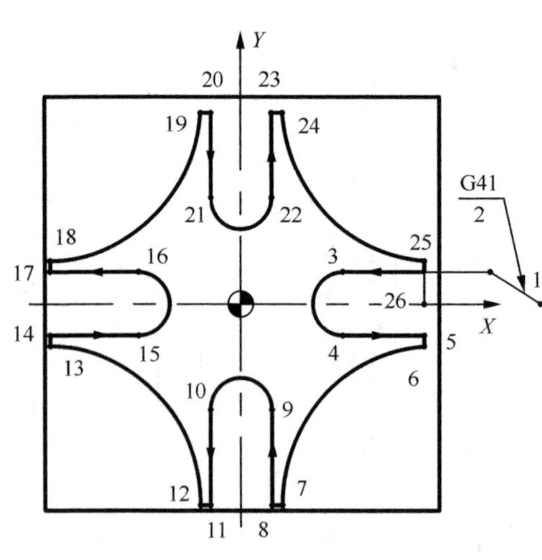

第1个点坐标：X=59.000, Y=0.000
第2个点坐标：X=49.000, Y=6.000
第3个点坐标：X=20.000, Y=6.000
第4个点坐标：X=20.000, Y=−6.000
第5个点坐标：X=36.000, Y=−6.000
第6个点坐标：X=36.000, Y=−8.000
第7个点坐标：X=8.000, Y=−38.000
第8个点坐标：X=6.000, Y=−38.000
第9个点坐标：X=6.000, Y=−20.000
第10个点坐标：X=−6.000, Y=−20.000
第11个点坐标：X=−6.000, Y=−38.000
第12个点坐标：X=−8.000, Y=−38.000
第13个点坐标：X=−38.000, Y=−8.000
第14个点坐标：X=−38.000, Y=−6.000
第15个点坐标：X=−20.000, Y=−6.000
第16个点坐标：X=−20.000, Y=6.000
第17个点坐标：X=−38.000, Y=6.000
第18个点坐标：X=−38.000, Y=8.000
第19个点坐标：X=−8.000, Y=36.000
第20个点坐标：X=−6.000, Y=36.000
第21个点坐标：X=−6.000, Y=20.000
第22个点坐标：X=6.000, Y=20.000
第23个点坐标：X=6.000, Y=36.000
第24个点坐标：X=8.000, Y=36.000
第25个点坐标：X=36.000, Y=8.000
第26个点坐标：X=36.000, Y=0.000

图 4-4　精铣路径与节点坐标

3. 节点坐标计算

可以用 CAD 软件查找出所有的节点坐标，结果如图 4-4 所示。

4. 加工程序编制

根据要求，编制出铣槽轮模型零件的精加工程序如下：

```
%
O4001;
G21 G40 G90 G80 G69 G54;
M03 S2545;
N10 G00 X59.0Y0 M08;
G43 H02 Z50.0;
G01 Z-5.0 F407;
N20 G41 X49.0 Y6.0 D02;
N30 G01 X20.0 Y6.0;
N40 G03 X20.0 Y-6.0 R6.0;
N50 G01 X36.0 Y-6.0;
N60 G01 Y-8.0;
N70 G03 X8.0 Y-38.0 R30.0;
N80 G01 X6.0 Y-38.0;
N90 G01 Y-20.0;
N100 G03 X-6.0 R6.0;
N110 G01 Y-38.0;
N120 G01 X-8.0;
N130 G03 X-38.0 Y-8.0 R30.0;
N140 G01 Y-6.0;
N150 G01 X-20.0;
N160 G03 Y6.0 R6.0;
N170 G01 X-38.0 Y6.0;
N180 G01 Y8.0;
N190 G03 X-8.0 Y36.0 R30.0;
N200 G01 X-6.0;
N210 G01 Y20.0;
N220 G03 X6.0 Y20.0 R6.0;
N230 G01 Y36.0;
N240 G01 X8.0 Y36.0;
N250 G03 X36.0 Y8.0 R30.0;
N260 G01Y0;
G00 Z50.0;
G40;
M30;
%
```

2.4.4　零件加工

略。

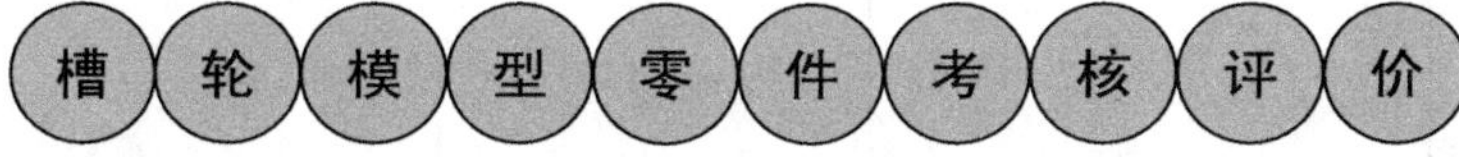

零件图号			操作员		消耗工时
序号	评价内容	评价等级	评价标准	自评结果（在相应位置打√）	第三方评价结果（在相应位置打√）
1	安全文明生产	优秀　良好　一般	始终按操作规程进行操作且无事故发生的为优秀，有 1 次小问题发生的为良好；有 2 次小问题发生的为一般，不得有重大事故发生	___　___　___	___　___　___
2	岗位 5S 作业	优秀　良好　一般	按标准岗位 5S 作业要求做的为优秀，有 1 处没做好的为良好；有 2 处以上没做好的为一般	___　___　___	___　___　___

续表

零件图号			操作员		消耗工时	
序号	评价内容	评价等级	评价标准	自评结果 （在相应位置打√）	第三方评价结果 （在相应位置打√）	
3						
4						
5						
6						
7						

注：空白处可根据实际情况自行设定。

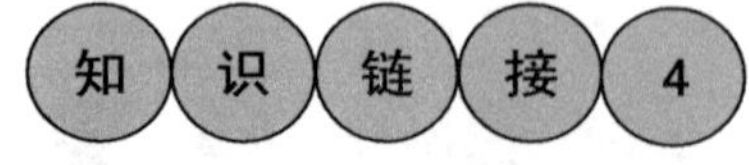

目视管理

目视管理是利用形象直观的视觉（声音）信号，指导和解释标准及其执行的偏差状况，让相关人员进行自主纠偏，达成管理目标的方法。目视管理的作用是使标准目视化、显示异常情况、指导与解释和信息交流。目视管理分以下三个层次（链接图 1）。

（1）初级水平：有表示，能明白现在的状态。

（2）中级水平：谁都能判断正常与否。

(3) 高级水平:管理方法(异常处置等)都列明。

无水准	初级水准	中级水准	高级水准(理想状态)
		6 6	6 6 安全库存 用完后通知张三
无管理状态 有几个球不明确，要数	*初级管理状态* 整齐排列，便于确认管理	*中级管理状态* 通过简单标识使数目一目了然	*理想的管理状态* 通过标识和提示，使数目和数目不足时该怎么做一目了然

链接图 1　目视管理示意图

下面介绍目视管理 12 法。

(1) 颜色法:用不同的颜色表示差异(链接图 2)。

(2) 定位法:将需要的东西放置在固定的位置(链接图 3)。

(3) 标识法:将场所、物品等的名称用醒目的字体标识出来。

(4) 分区法:用画线的方式表示不同性质及功能的区域。

(5) 图形法:用大众都能识别的图形标识公共设施。

(6) 方向法:指示行动的方向。

(7) 影绘法/痕迹法:将物品的形状画在要放的地方的方法。

(8) 透明法:公用物品要开放,以便了解其中的东西。

(9) 监察法:随时注意事务的动向。

(10) 看板法:以看板的形式将需要传递的信息目视。

(11) 地图法:将区域的布置以地图的形式表示出来。

(12) 备忘法:此方法可避免忘掉与他人相关的事情。

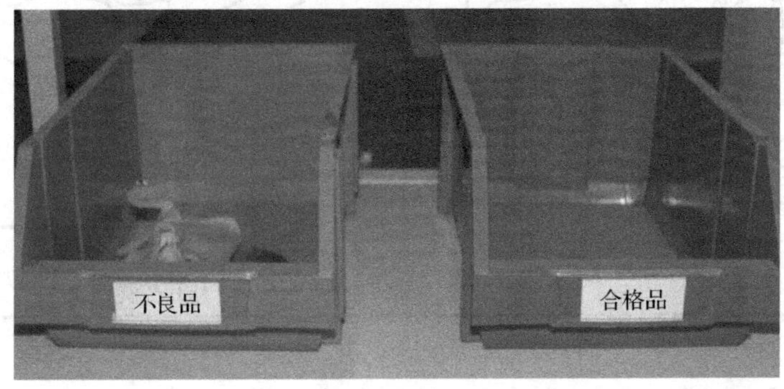

链接图 2　颜色区分良品与不良品

链接图 3　定置线标明物品位置

任务 5　垫片凸模零件加工

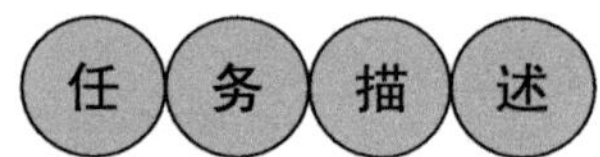

接到“垫片凸模”零件(图 5-1)加工任务，通过分析，制订出合适的加工工艺，填写加工工序卡，编制出合适的数控加工程序，完成“垫片凸模”零件的加工。

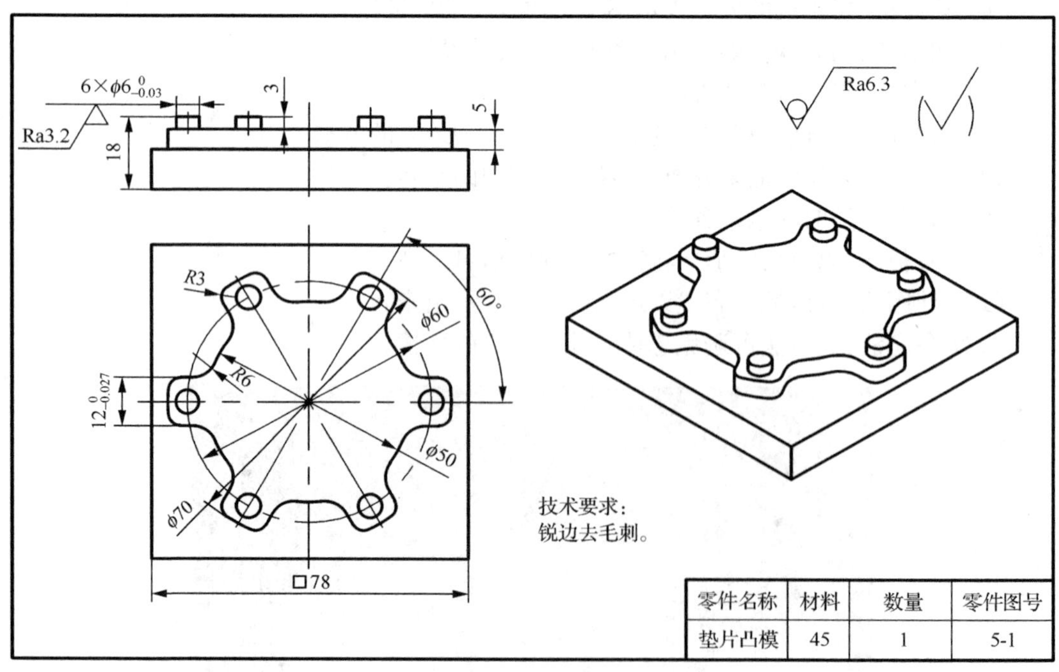

零件名称	材料	数量	零件图号
垫片凸模	45	1	5-1

图 5-1　垫片凸模零件

2.5.1　零件分析

1. 零件图分析

零件名称为“垫片凸模”,零件材料为45钢,尺寸标注完整,自由公差,不需要加工的表面粗糙度要求为Ra6.3,要加工的表面粗糙度要求为Ra3.2,要保证精度的尺寸为$\phi6_{-0.03}^{0}$、$12_{-0.027}^{0}$,除余量较大,无热处理要求,构成零件轮廓的几何元素完整,属单件小批量生产。

2. 加工工艺性分析

通过对零件图分析可知,该零件切削加工工艺性好,符合经济型数控铣床的加工范围。

2.5.2　零件加工工艺准备

1. 毛坯选择

零件毛坯如图5-2所示,已在普通机床完成坯件的加工。

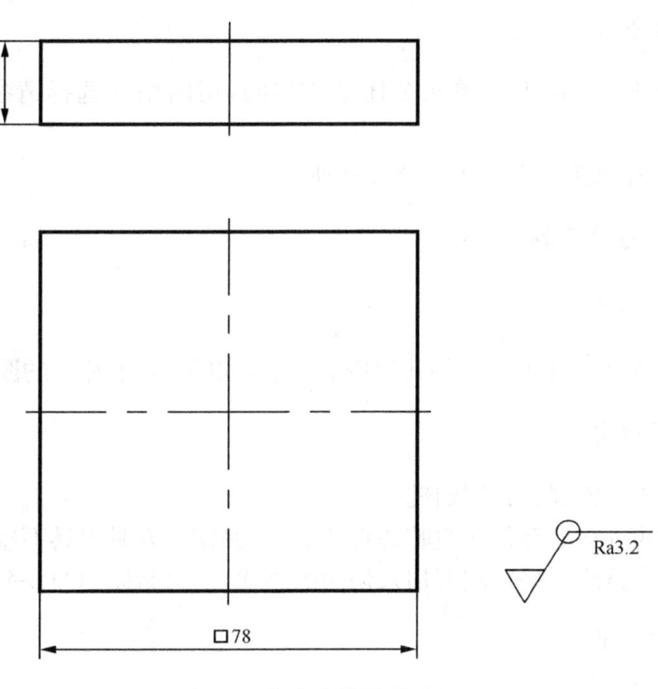

图5-2　垫片凸模零件毛坯

2. 工艺路线拟定

1)选择表面加工的方法

零件要加工表面的粗糙度要求为Ra3.2,可用端铣刀粗铣、半精铣、精铣完成。

2）安排加工顺序

先粗铣去除多余材料，再半精铣、精铣。

3. 各工序加工余量确定

粗铣留余量 0.5mm，半精铣留余量 0.1mm。

4. 工艺装备选择

1）机床选择

可以选择经济型三轴控制立式数控铣床。

2）夹具选择

本次生产属于单件小批量生产，所以可以选择通用夹具机用平口钳。

3）刀具选择

粗加工可选择 ϕ10 高速钢键槽铣刀（两刃），半精加工和精加工可以选择 ϕ10 硬质合金立铣刀（四刃）。

4）量具选择

根据零件图的尺寸精度要求，可以选择外径千分尺。

5. 切削用量选择

由于本次任务加工用刀与单元 2 任务 4 相同，切削用量选择请参考任务 4 的相关内容。

根据加工工艺，填写工序卡片如图 5-3 所示。

2.5.3 零件加工程序编制

1. 工件零点确定

工件零点选择在零件上表面的几何中心位置，如图 5-3 卡片中的图所示。

2. 走刀路线确定

（1）铣削方式。铣削方式用顺铣。

（2）下刀方式。在毛坯外面空旷处直插下刀，保证下刀时刀具不碰到零件。

（3）切入切出路线。采取圆弧切入切出的路线，走刀路线如图 5-4 和图 5-5 所示。

3. 节点坐标计算

用 CAD 软件查找出所有节点的坐标，如图 5-4 和图 5-5 所示。

数控加工工序卡片	产品型号	5-1	零件图号	5-1	第 1 页	第 1 页
	产品名称	垫片凸模	零件名称	垫片凸模	共 1 页	第 1 页

车间	工序号	工序名称	材料牌号	
现代制造	10	数控铣	45	
毛坯种类	毛坯外形尺寸		每台件数	
方块	78×78×18		1	
设备名称	设备型号	设备编号	同时加工件数	
立式数控铣床	XD-40	CNC01		
夹具编号		夹具名称	切削液	
PKQ01		平口钳	LF350 长效金属切削液	
工位器具编号		工位器具名称	工序工时	
			准终	单件

	工步号	工步内容	工艺设备	主轴转速/(r/min)	进给速度/(mm/min)	切削深度/mm	进给次数	刀补地址		工步工时	
								半径	长度	机动	辅助
	10	粗铣 6×ϕ6 凸台,留余量 0.5	ϕ10 高速钢键槽铣刀、游标卡尺	955	248	3	1	D01	H01		
	20	粗铣高度为 5 的外轮廓台阶,留余量 0.5	ϕ10 高速钢立键槽铣刀、游标卡尺	955	248	5	1	D01	H01		
描　图	30	半精铣 6×ϕ6 凸台,留余量 0.1	ϕ10 硬质合金立铣刀、外径千分尺	2545	407	5	1	D02	H02		
描　校	40	半精铣高度为 5 的外轮廓台阶,留余量 0.1	ϕ10 硬质合金立铣刀、外径千分尺	2545	407	5	1	D02	H02		
	50	精铣 6×$\phi 6_{-0.03}^{0}$ 凸台至尺寸	ϕ10 硬质合金立铣刀、外径千分尺	2545	407	3	1	D02	H02		
底图号	60	精铣高度为 5 的外轮廓台阶,保证尺寸 $12_{-0.027}^{0}$	ϕ10 硬质合金立铣刀、外径千分尺	2545	407	5	1	D02	H02		

装订号									设计(日期)	审核(日期)	标准化(日期)	会签(日期)	
	标记		更改文字号	签名	日期	标记		更改文字号	签名	日期			

图 5-3　垫片凸模零件数控加工工序卡片

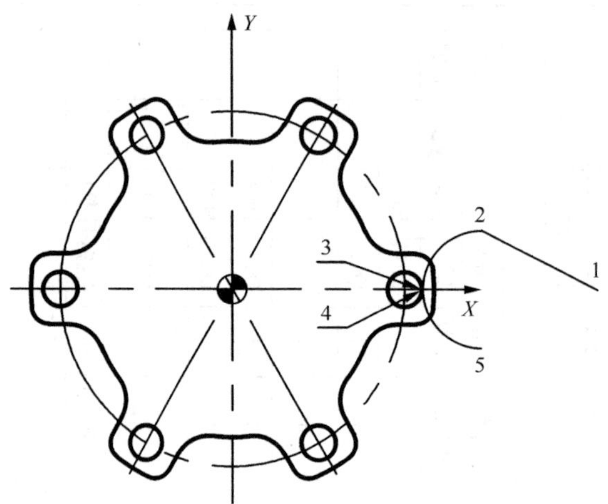

第1个点坐标：X=63.000, Y=0.000
第2个点坐标：X=43.000, Y=10.000
第3个点坐标：X=33.000, Y=–0.000
第4个点坐标：X=33.000, Y=–0.000
第5个点坐标：X=43.000, Y=–10.000

图 5-4　ϕ6 凸台走刀路线和节点坐标

第1个点坐标：X=65.000, Y=–0.000
第2个点坐标：X=45.000, Y=10.000
第3个点坐标：X=35.000, Y=–0.000
第4个点坐标：X=34.846, Y=–3.281
第5个点坐标：X=31.859, Y=–6.000
第6个点坐标：X=28.583, Y=–6.000
第7个点坐标：X=23.051, Y=–9.677
第8个点坐标：X19.906, Y=–15.124
第9个点坐标：X=19.488, Y=–21.754
第10个点坐标：X=21.126, Y=–24.591
第11个点坐标：X=20.265, Y=–28.537
第12个点坐标：X=14.581, Y=–31.818
第13个点坐标：X=10.733, Y=–30.591
第14个点坐标：X=9.095, Y=–27.754
第15个点坐标：X=3.145, Y=–24.801
第16个点坐标：X=–3.145, Y=–24.801
第17个点坐标：X=–9.095, Y=–27.754
第18个点坐标：X=–10.733, Y=–30.591
第19个点坐标：X=–14.581, Y=–34.818
第20个点坐标：X=–20.265, Y=–28.537
第21个点坐标：X=–21.126, Y=–24.591
第22个点坐标：X=–19.488, Y=–21.754
第23个点坐标：X=–19.906, Y=–15.124
第24个点坐标：X=–23.051, Y=–9.677
第25个点坐标：X=–28.583, Y=–6.000
第26个点坐标：X=–31.859, Y=–6.000
第27个点坐标：X=–34.846, Y=–3.281
第28个点坐标：X=–34.846, Y=3.281
第29个点坐标：X=–31.859, Y=–6.000
第30个点坐标：X=–28.583, Y=6.000

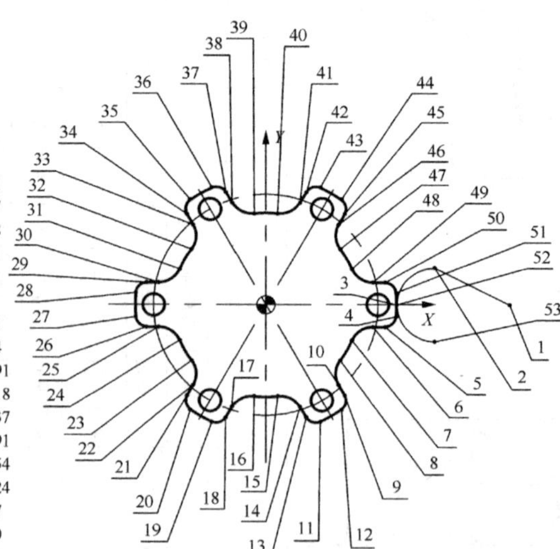

第31个点坐标：X=–23.051, Y=9.677
第32个点坐标：X=–19.906, Y=15.124
第33个点坐标：X=–19.488, Y=21.754
第34个点坐标：X=–21.126, Y=24.591
第35个点坐标：X=–20.265, Y=28.537
第36个点坐标：X=–14.581, Y=31.818
第37个点坐标：X=–10.733, Y=30.591
第38个点坐标：X=–9.095, Y=27.754
第39个点坐标：X=–3.145, Y=24.801
第40个点坐标：X=3.145, Y=24.801
第41个点坐标：X=9.095, Y=27.754
第42个点坐标：X=10.733, Y=30.591
第43个点坐标：X=14.581, Y=31.818
第44个点坐标：X=20.265, Y=28.537
第45个点坐标：X=21.126, Y=24.591
第46个点坐标：X=19.488, Y=21.754
第47个点坐标：X=19.906, Y=15.124
第48个点坐标：X=23.051, Y=9.677
第49个点坐标：X=28.583, Y=6.000
第50个点坐标：X=31.859, Y=6.000
第51个点坐标：X=34.846, Y=3.281
第52个点坐标：X=35.000, Y=–0.000
第53个点坐标：X=45.000, Y=–10.000

图 5-5　垫片凸模走刀路线图和节点坐标值

4. 加工程序编制

根据要求，编制出垫片凸模零件的精加工程序如下：

```
%
O5001;(φ6凸台主程序)
G54 G90 G80 G69 G49 G21;
M03 S2123;
M08;
M98 P5002;
G68 X0 Y0 R60.0;
M98 P5002;
G69;
G68 X0 Y0 R120.0;
M98 P5002;
G69;
G68 X0 Y0 R180.0;
M98 P5002;
G69;
G68 X0 Y0 R240.0;
M98 P5002;
G69;
G68 X0 Y0 R300.0;
M98 P5002;
G69;
M30;
%
```

```
%
O5002;(φ6凸台子程序)
N10 G90 G00 X63.0 Y0;
G43 Z50.0 H02;
G01 Z-3.0 F509;
N20 G41 G01 X43.0 Y10.0 D02;
N30 G03 X33.0 Y0 R10.0;
N40 G02 X33.0 Y0 I-3.0 J0;
N50 G03 X43.0 Y-10.0 R10.0;
G00 Z100.0;
G40;
M99;
%
```

```
%
O5003;
G21 G54 G90 G40 G69 G80;
M03 S2123;
N10 G00 X65.0 Y0 M8;
G43 Z50.0 H02;
G01 Z-8.0 F509;
N20 G41 X45.0 Y10.0 D02;
N30 G03 X35.0 Y0 R10.0;
N40 G2 X34.846 Y-3.281 R35.0;
N50 G02 X31.859 Y-6.0 R3.0;
N60 G01 X28.583 Y-6.0;
N70 G03 X23.051 Y-9.677 R6.0;
N80 G2 X19.906 Y-15.124 R25.0;
N90 G3 X19.488 Y-21.754 R6.0;
N100 G1 X21.126 Y-24.591;
N110 G2 X20.265 Y-28.537 R3.0;
N120 G2 X14.581 Y-31.818 R35.0;
N130 G2 X10.733 Y-30.591 R3.0;
N140 G1 X9.095 Y-27.754;
N150 G3 X3.145 Y-24.801 R6.0;
N160 G2 X-3.145 Y-24.801 R25.0;
N170 G3 X-9.095 Y-27.754 R6.0;
N180 G1 X-10.733 Y-30.591;
N190 G2 X-14.581 Y-31.818 R3.0;
N200 G2 X-20.265 Y-28.537 R35.0;
N210 G2 X-21.126 Y-24.591 R3.0;
N220 G1 X-19.488 Y-21.754;
N230 G3 X-19.906 Y-15.124 R6.0;
N240 G2 X-23.051 Y-9.677 R25.0;
N250 G3 X-28.583 Y-6.000 R6.0;
N260 G1X-31.859 Y-6.000;
N270 G2 X-34.846 Y-3.281 R3.0;
N280 G2 X-34.846 Y3.281 R35.0;
N290 G2 X-31.859 Y6.000 R3.0;
N300 G1 X-28.583 Y6.000;
N310 G3 X-23.051 Y9.677 R6.0;
N320 G2X-19.906 Y15.124 R25.0;
N330 G3 X-19.488 Y21.754 R6.0;
N340 G1 X-21.126 Y24.591;
N350 G2 X-20.265 Y28.537 R3.0;
N360 G2 X-14.581 Y31.818 R35.0;
N370 G2 X-10.733 Y30.591 R3.0;
N380 G1X-9.095 Y27.754;
N390 G3 X-3.145 Y24.801 R6.0;
N400 G2 X3.145 Y24.801 R25.0;
N410 G3 X9.095 Y27.754 R6.0;
N420 G1 X10.733 Y30.591;
N430 G2 X14.581 Y31.818 R3.0;
N440 G2 X20.265 Y28.537 R35.0;
N450 G2X21.126 Y24.591 R3.0;
N460 G1 X19.488 Y21.754;
N470 G3 X19.906 Y15.124 R6.0;
N480 G2 X23.051 Y9.677 R25.0;
N490 G3X28.583 Y6.000 R6.0;
N500 G1 X31.859 Y6.000;
N510 G2 X34.846 Y3.281 R3.0;
N520 G2 X35.000 Y0.000 R35.0;
N530 G3 X45.000 Y-10.000 R10.0
G00Z100.0;
G40;
M30;
%
```

2.5.4 零件加工

略。

拓展练习： 按要求加工下图所示零件。

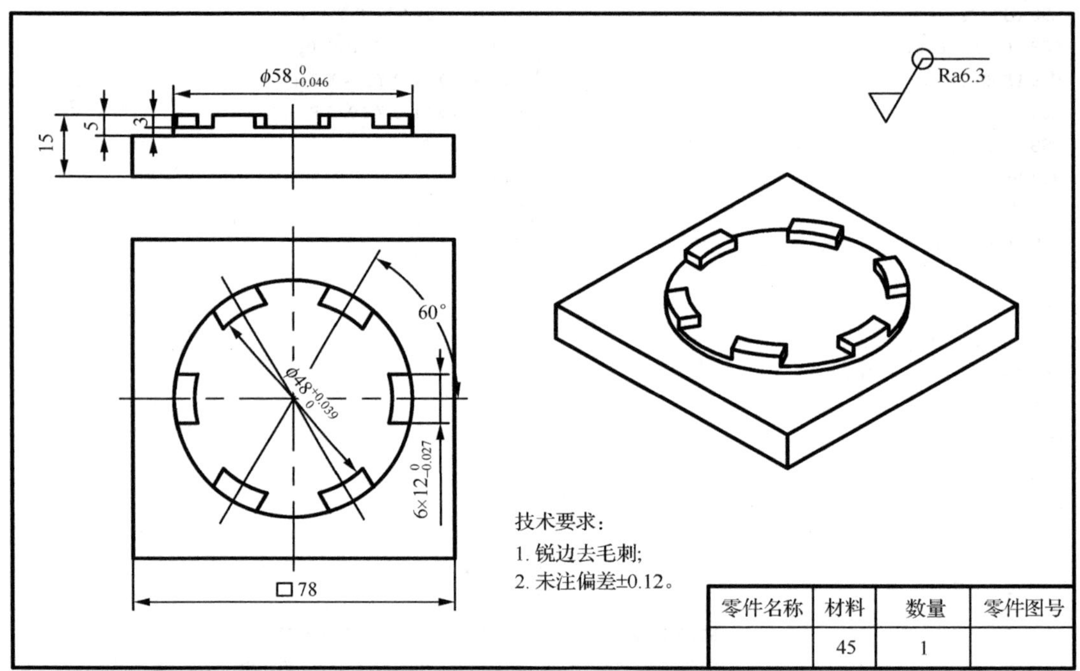

垫 片 凸 模 零 件 考 核 评 价

零件图号			操作员		消耗工时	
序号	评价内容	评价等级	评价标准	自评结果（在相应位置打√）	第三方评价结果（在相应位置打√）	
1	安全文明生产	优秀 良好 一般	始终按操作规程进行操作且无事故发生的为优秀，有1次小问题发生的为良好；有2次小问题发生的为一般，不得有重大事故发生	___ ___ ___	___ ___ ___	
2	岗位5S作业	优秀 良好 一般	按标准岗位5S作业要求做的为优秀，有1处没做好的为良好；有2处以上没做好的为一般	___ ___ ___	___ ___ ___	

续表

零件图号			操作员		消耗工时	
序号	评价内容	评价等级	评价标准	自评结果 （在相应位置打√）	第三方评价结果 （在相应位置打√）	
3						
4						
5						
6						
7						

注：空白处可根据实际情况自行设定。

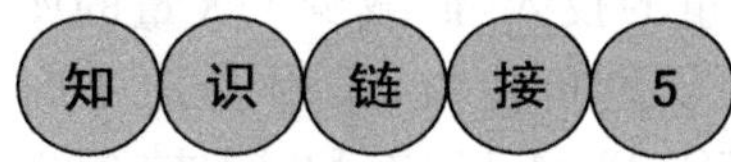

精益生产管理

精益生产(lean production management)，简称“精益”，是衍生自丰田生产方式的一种管理哲学。精益生产管理，是一种以客户需求为拉动，以消灭浪费和不断改善为核心，使企业以最少的投入获取运作效益显著改善的一种全新的生产管理模式。它的特点是强调客户对时间和价值的要求，以科学合理的制造体系来组织为客户带来增值的生产活动，缩短生产周期,从而显著提高企业适应市场万变的能力。精益生产是多品种小批量条件下的最优生产方式,实施精益生产会给企业带来巨大的收益,因而被誉为第二次生产方式革命。

精益生产的理念最早起源于日本丰田汽车公司的 TPS(toyota production system)。TPS 的核心是追求消灭一切“浪费”,以客户拉动和 JIT(just-in-time)方式组织企业的生产和经营活动,形成一个对市场变化快速反应的独具特色的生产经营管理体系。时至今日,随着制造和管理技术的不断提高,精益生产的含义已经超越了当初的 TPS。美国在研究了包括精益生产在内的各种管理模式后,又提出了 21 世纪的制造企业战略——敏捷制造。可以认为,精益生产是通向敏捷制造的桥梁。敏捷企业是指那些能够充分利用网络技术优势,迅速实现自我调整以适应不断变化的竞争环境,具有敏捷的快速反应能力的企业。因此,没有精益生产管理为基础,企业难以实现敏捷制造。

实现精益生产管理,最基本的一条就是消灭浪费。企业生产和经营活动中的浪费现象繁多,要消灭浪费,首先要判别企业活动中的两个基本构成,即增值活动和非增值活动。精益生产将企业生产活动按照是否增值划分为三类,即增值活动、不增值尚难以消除的活动、不增值可立即消除的活动。精益生产将所有的非增值活动都视为浪费,并提出生产中的七种浪费(muda),实施精益生产就必须着力消除此七种浪费。长期以来,人们重视增值活动的效率改善而忽视向非增值活动的挖潜。研究表明,物资从进厂到出厂,只有 10%的时间是增值的,精益生产成功秘诀就在于将提高效率的着眼点转移到占 90%时间的非增值活动上去。企业实现价值的源头是顾客,精益生产提出产品价值由顾客确定,要求从顾客角度审视企业的产品设计和生产经营过程,识别价值流中的增值活动和各种浪费。企业应消除顾客不需要的多余功能和多余的非增值活动,不将额外的花销转嫁给顾客,实现顾客需求的最有效满足。

精益生产将所有的停滞视为浪费,要求促进停滞物流转运行,跟不上进度的果断摒弃,各增值活动流动起来,强调的是不间断地价值流动。传统的职能分工和大批量生产方式,往往阻断了本应动起来的价值流,造成大量浪费,如大量在制品积压、生产资金占用、厂房利用率降低、管理成本增大、批次质量风险等。

精益生产认为过早生产、过量生产均是浪费,应以需求拉动原则准时生产。需求拉动就是按顾客(包括下游工序)的需求投入和产出,使顾客能精确地在需要的时间得到需要的产品,如同在超市的货架上选取所需要的东西,而不是把用户不太想要的东西强行推给用户。拉动原则由于生产和需求直接对接,消除了过早、过量的投入,而减少了大量的库存和在制品,大幅压缩了生产周期。精益生产要求人们要识别价值流,采用 JIT(准时化)、一件流等方法实现增值活动按需求连续流动,并应用 5S、TPM、防错、快速转产等方法为价值流动提供支持和保障。精益生产的实施是永无止境的过程,其改进结果必然是浪费的不断消除以及价值的不断挖掘。精益生产追求完美的持续改善,改善是以需求为基础的,要求工作人员并不只做会做的事,更要向应该做的事挑战,成为改善者而不是被改善者,对于被改善的事件彻底追究事件真相,改善设备之前先进行员工作业改善,保证其对改善的适应性,而在改善方案确定之后,首先确认安全和质量,否则改善也将成为一种浪费。

精益生产的思想内涵可概括为五点，即顾客确定价值、识别价值流、价值流动、需求拉动、尽善尽美。理解并应用好此五项精益思想原则，就掌握了精益生产的成功秘诀。

精益生产的管理原则

原则1：消除八大浪费　企业中普遍存在的八大浪费涉及：过量生产、等待时间、运输、库存、过程（工序）、动作、产品缺陷以及忽视员工创造力。

原则2：关注流程，提高总体效益　有关专家说过："员工只需对15%的问题负责，另外85%归咎于制度流程。"什么样的流程就产生什么样的绩效。改进流程要注意目标是提高总体效益，而不是提高局部的部门的效益，为了企业的总体效益即使牺牲局部的部门效益也在所不惜。

原则3：建立无间断流程以快速应变　建立无间断流程，将流程中不增值的无效时间尽可能压缩以缩短整个流程的时间，从而快速应变顾客的需要。

原则4：降低库存　需要指出的是，降低库存只是精益生产的其中一个手段，目的是为了解决问题和降低成本，而且低库存需要高效的流程、稳定可靠的品质来保证。很多企业在实施精益生产时，认为精益生产就是零库存，不先去改造流程、提高品质，就一味要求下面降低库存，结果可想而知，成本不但没降低反而急剧上升，于是就得出结论，精益生产不适合我的行业、我的企业。这种误解是需要极力避免的。

原则5：全过程的高质量，一次做对　质量是制造出来的，而不是检验出来的。检验只是一种事后补救，不但成本高而且无法保证不出差错。因此，应将品质内建于设计、流程和制造当中，建立一个不会出错的品质保证系统，一次做对。精益生产要求做到低库存、无间断流程，试想如果哪个环节出了问题，后面的将全部停止，所以精益生产必须以全过程的高质量为基础，否则精益生产只能是一句空话。

原则6：基于顾客需求的拉动生产　JIT的本意是：在需要的时候，仅按所需要的数量生产，生产与销售是同步的。也就是说，按照销售的速度来进行生产，这样就可以保持物流的平衡，任何过早或过晚的生产都会造成损失。过去丰田使用"看板"系统来拉动，辅以ERP或MRP信息系统则更容易达成企业外部的物资拉动。

原则7：标准化与工作创新　标准化的作用是不言而喻的，但标准化并不是一种限制和束缚，而是将企业中最优秀的做法固定下来，使得不同的人来做都可以做得最好，发挥最大成效和效率。另外，标准化也不是僵化、一成不变的，标准需要不断地创新和改进。

原则8：尊重员工，给员工授权　尊重员工就是要尊重其智慧和能力，给他们提供充分发挥聪明才智的舞台，为企业也为自己做得更好。在丰田公司，员工实行自主管理，在组织的职责范围内自行其是，不必担心因工作上的失误而受到惩罚，出错一定有其内在的原因，只要找到原因施以对策，下次就不会出现了。所以说，精益的企业雇佣的是"一整个人"，不精益的企业只雇佣了员工的"一双手"。

原则9：团队工作　在精益企业中，灵活的团队工作已经变成了一种最常见的组织形式，有时同一个人同时分属于不同的团队，负责完成不同的任务。最典型的团队工作莫过于丰田的新产品发展计划，该计划由一个庞大的团队负责推动，团队成员来自各个不同的部门，有营销、设计、工程、制造、采购等，他们在同一个团队中协同作战，大大缩短了新产品推出的时间，而且质量更高、成本更低，因为从一开始很多问题就得到了充分的考虑，在问题带来麻烦之前就已经被专业人员所解决。

原则 10：满足顾客需要　满足顾客需要就是要持续提高顾客满意度，为了一点眼前的利益而不惜牺牲顾客的满意度是相当短视的行为。丰田从不把这句话挂在嘴上，总是以实际行动来实践，尽管产品供不应求，但丰田在一切准备工作就绪以前，从不盲目扩大规模，而是保持稳健务实的作风，以赢得顾客的尊敬。丰田的财务数据显示，其每年的利润增长率几乎是销售增长率的两倍，而且每年的增长率相当稳定。

任务 6　油桶起盖器零件加工

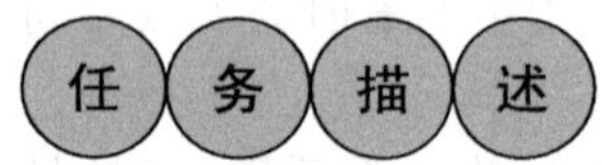

接到“油桶起盖器”零件（图 6-1）加工任务，通过分析，制订出合适的加工工艺，填写加工工序卡，编制出合适的数控加工程序，完成“油桶起盖器”零件的加工任务。

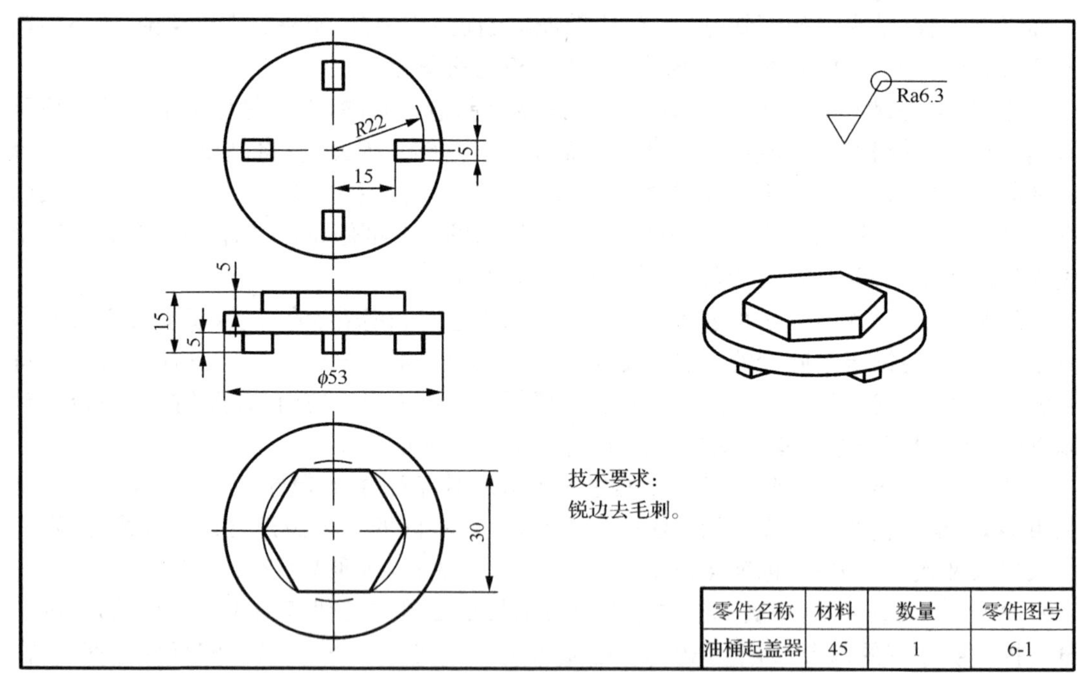

零件名称	材料	数量	零件图号
油桶起盖器	45	1	6-1

图 6-1　油桶起盖器零件

2.6.1　零件分析

1. 零件图分析

该零件名称为“油桶起盖器”，材料为 45 钢，尺寸标注完整，自由公差，加工表面的粗糙度要求为 Ra3.2，无热处理要求，构成零件轮廓的几何元素完整，加工部位敞开，属单件小批量生产。

2. 加工工艺性分析

通过对零件图分析可知，该零件切削加工工艺性好，符合经济型数控铣床的加工范围。

2.6.2 零件加工工艺准备

1. 毛坯选择

选择如图 6-2 所示的毛坯，已在普通机床上加工好。

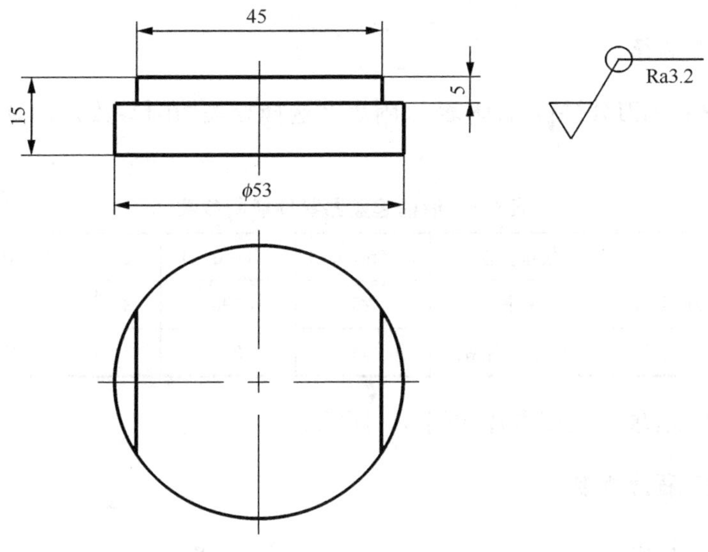

图 6-2　油桶起盖器零件毛坯

2. 工艺路线拟定

1）选择加工方法

根据零件分析可知，此零件尺寸精度要求不高，但表面粗糙度要求为 Ra3.2，因此可以粗铣后精铣完成。

2）安排加工顺序

根据零件结构，考虑装夹因素，可以加工正六边形凸台后，翻面，夹持六边形，铣四个小凸台。

3. 各工序加工余量确定

根据零件图和毛坯图，可以考虑粗加工留余量 0.5mm。

4. 工艺装备选择

1）机床选择

可以选择经济型三轴控制立式数控铣床。

2）夹具选择

本次生产属于单件小批量生产，且根据零件结构，可以选择通用夹具机用平口钳进行装夹。

3）刀具选择

粗加工可选择 ϕ10 高速钢键槽铣刀（两刃），精加工可选择 ϕ10 高速钢三刃立铣刀。

4）量具选择

根据零件图的尺寸精度要求，可以选择通用量具游标卡尺。

5. 切削用量选择

根据工件材料和刀具材料，查附表 1、附表 2 选择相关切削参数并计算得结果如表 6-1 所示。

表 6-1 油桶起盖器零件切削参数

刀具规格	铣削方法	v_c/(m/min)	n/(r/min)	z	a_f/(mm/z)	v_f/(mm/min)
ϕ10 高速钢键槽铣刀（两刃）	粗铣	25	796	2	0.1	159
ϕ10 高速钢立铣刀（三刃）	半精铣、精铣	30	955	3	0.04	115

根据加工工艺，填写工序卡片如图 6-3 所示。

2.6.3 零件加工程序编制

1. 工件零点确定

工件零点设在零件上表面的几何中心位置，如图 6-1 卡片中的图所示。

2. 走刀路线确定

精加工走刀路线和节点坐标如图 6-4 和图 6-5 所示。

3. 加工程序编制

根据要求，编制出精铣加工程序如 48 页所示。

数控加工工序卡片	产品型号	6-1	零件图号	6-1	第 1 页	第 1 页
	产品名称	油桶起盖器	零件名称	油桶起盖器	共 1 页	第 1 页

车间	工序号	工序名称	材料牌号
现代制造	10	数控铣	45#
毛坯种类	毛坯外形尺寸		每台件数
棒料	$\phi53\times15$		1
设备名称	设备型号	设备编号	同时加工件数
立式数控铣床	XD-40	CNC01	
夹具编号	夹具名称	切削液	
PKQ01	平口钳	LF350 长效金属切削液	
工位器具编号	工位器具名称	工序工时	
		准终	单件

工步10、20的装夹方案　　工步30、40的装夹方案

	工步号	工步内容	工艺设备	主轴转速/(r/min)	进给速度/(mm/min)	切削深度/mm	进给次数	刀补地址 半径	刀补地址 长度	工步工时 机动	工步工时 辅助
	10	粗铣正六边形凸台，留余量 0.5	$\phi10$ 高速钢键槽铣刀	796	159	5	1	D01	H01		
描 图	20	精铣正六边形凸台至合格	$\phi10$ 高速钢立铣刀	955	115	5	1	D02	H02		
	30	翻面装夹，粗铣四个小凸台，留余量 0.5	$\phi10$ 高速钢键槽铣刀	796	159	5	1	D01	H01		
描 校	40	精铣四个小凸台至合格	$\phi10$ 高速钢立铣刀	955	115	5	1	D02	H01		
	50										
底图号	60										
	70										

装订号									设计(日期)	审核(日期)	标准化(日期)	会签(日期)
	标记		更改文字号	签名	日期	标记		更改文字号	签名	日期		

图 6-3　油桶起盖器零件数控加工工序卡片

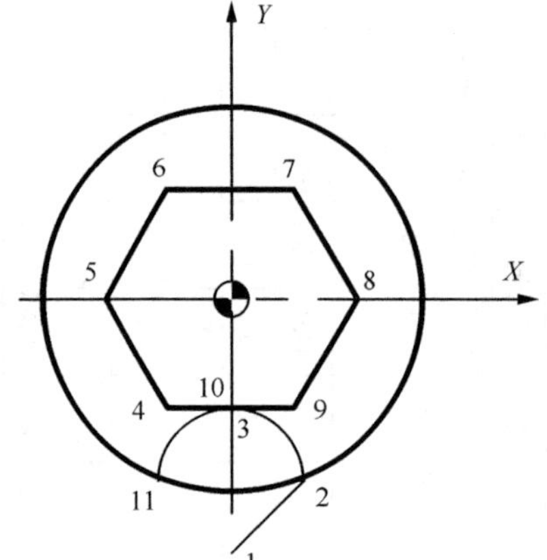

第1个点坐标：X=−0.000, Y=−35.000
第2个点坐标：X=10.000, Y=−25.000
第3个点坐标：X=−0.000, Y=−15.000
第4个点坐标：X=−8.660, Y=−15.000
第5个点坐标：X=−17.321, Y=0.000
第6个点坐标：X=−8.660, Y=15.000
第7个点坐标：X=8.660, Y=15.000
第8个点坐标：X=17.321, Y=0.000
第9个点坐标：X=8.660, Y=−15.000
第10个点坐标：X=−0.000, Y=−15.000
第11个点坐标：X=−10.000, Y=−25.000

图 6-4　正六边形凸台走刀路线和节点坐标

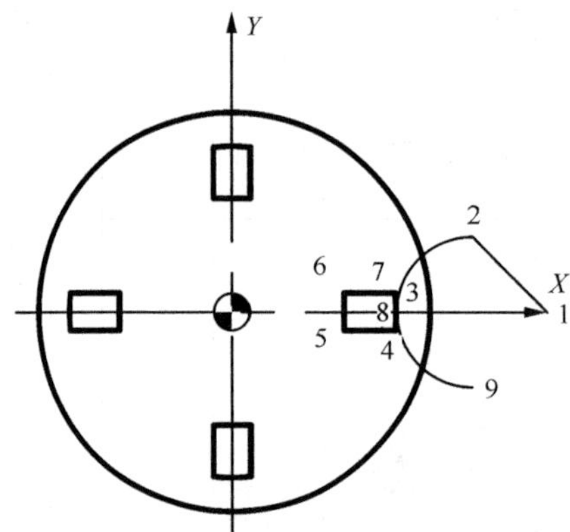

第1个点坐标：X=42.000, Y=−0.000
第2个点坐标：X=32.000, Y=10.000
第3个点坐标：X=22.000, Y=0.000
第4个点坐标：X=21.857, Y=−2.500
第5个点坐标：X=15.000, Y=−2.500
第6个点坐标：X=15.000, Y=2.500
第7个点坐标：X=21.857, Y=2.500
第8个点坐标：X=22.000, Y=0.000
第9个点坐标：X=32.000, Y=−10.000

图 6-5　四个小凸台的走刀路线和节点坐标

精铣加工程序：

```
%
O6001;(正六边形凸台精加工程序)
G54G21G90G69G80G40;
M03S955;
M08;
N10 G00X-0.000 Y-35.000;
G43Z50.0H02;
G01Z-5.0F115;
N20G41 G01 X10.000 Y-25.000 D02;
N30G03 X-0.000 Y-15.000R10.0;
N40G01X-8.660 Y-15.000;
N50G01X-17.321 Y0.000;
N60G01X-8.660 Y15.000;
N70G01X8.660 Y15.000;
N80G01X17.321 Y0.000;
N90G01X8.660 Y-15.000;
N100G01X-0.000 Y-15.000;
N110G03X-10.000 Y-25.000R10.0;
G00Z100.0;
G40;
M09;
M05;
M30;
%
```

```
%
06002;(四凸台精加工主程序)
G54 G40 G80 G90 G21 G49;
M03 S955;
M08;
M98 P6003;
G68 X0 Y0 R90.0;
M98 P6003;
G69;
G68 X0 Y0 R180.0;
M98 P6003;
G69;
G68 X0 Y0 R270.0;
M98 P6003
G69;
M30;
%
```

```
%
06003;(四凸台精加工子程序)
G43 G00 Z50.0 H02;
N10 G00 X42.000 Y-0.000;
G01 Z-5.0 F115;
N20 G41 G01 X32.000 Y10.000D02;
N30 G03 X22.000 Y0.000 R10.0;
N40 G02 X21.857 Y-2.500 R22.0;
N50 G01 X15.000 Y-2.500;
N60 G01 X15.000 Y2.500;
N70 G1 X21.857 Y2.500;
N80 G02 X22.000 Y0.000 R22.0;
N90 G03 X32.000 Y-10.000 R10.0;
G00 Z100.0;
G40;
M99;
```

2.6.4 零件加工

略。

拓展练习：按要求加工下图所示零件。

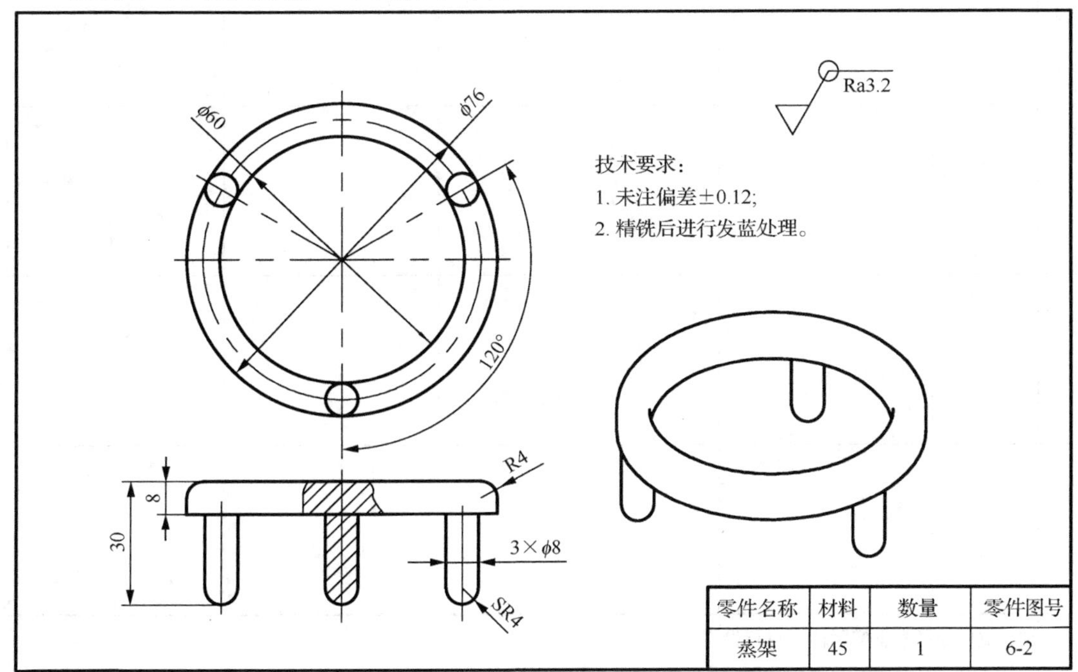

油桶起盖器零件考核评价

零件图号			操作员		消耗工时	
序号	评价内容	评价等级	评价标准	自评结果 （在相应位置打√）	第三方评价结果 （在相应位置打√）	
1	安全文明生产	优秀　良好　一般	始终按操作规程进行操作且无事故发生的为优秀，有1次小问题发生的为良好；有2次小问题发生的为一般，不得有重大事故发生			
2	岗位5S作业	优秀　良好　一般	按标准岗位5S作业要求做的为优秀，有1处没做好的为良好；有2处以上没做好的为一般			
3						
4						
5						
6						
7						

注：空白处可根据实际情况自行设定。

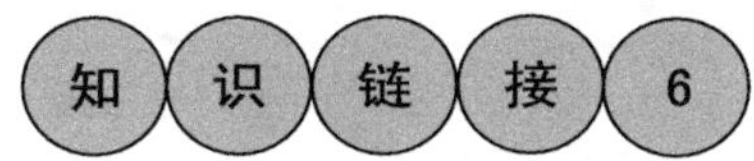

标准化作业

作业标准化，就是对在作业系统调查分析的基础上，将现行作业方法的每一操作程序和每一动作进行分解，以科学技术、规章制度和实践经验为依据，以安全、质量效益为目标，对作业过程进行改善，从而形成一种优化作业程序，逐步达到安全、准确、高效、省力的作业效果。创新改善与标准化是企业提升管理水平的两大轮子。改善创新是使企业管理水平不断提升的驱动力，而标准化则是防止企业管理水平下滑的制动力。没有标准化，企业不可能维持在较高的管理水平。

标准化作为一门科学，毫无疑问应该有它自己的理论，标准化活动是为数众多的人们的一种社会实践，而且是有组织、有目的的实践，那么，伴随着这种实践的总结便是理论的提炼。否则，标准化实践既不可能取得成功，更不可能上升到它的高级阶段。

近百年，世界各国际标准化专家、学者一直致力于标准化原理等基础理论的研究，也发表了一些著作。国际标准化组织(ISO)于 1952 年成立了标准化原理研究常设委员会(STACO)，它的首要职责是在标准原理，方法和技术方面充当 ISO 理事会的顾问，在考虑标准化经济问题的同时，使 ISO 的标准化活动取得最佳效果，这对标准化理论的研究工作起了相当的推动作用。其后，一些国家也设立了相应的机构，如日本在 1958 年设立了标准化原理委员会(JSA/STACO)，开展了标准实施状况的调查以及标准化经济效果的计算方法和标准化术语的研究。次年，官城精吉提出了标准化的两个基本原理(经济性的基本原理和对策规则的基本原理)和一系列分原理。苏联标准化学者在标准化理论研究上做了不少工作，1989 年决定在莫斯科仪表学院等高、中等院校设立 19 · 06 专业——标准计量和产品质量管理专业，其中开设“标准化与产品质量管理”、“互换性与标准化”、“标准化与质量”等课题的院校就达 2/3 以上。此外，各国的标准化专家还对标准化概念，原理、方法、经济效果的测定及其他理论问题的研究日渐活跃，尤其是出现了一些有关标准化原理的专著，并就标准化的基本原理提出自己的粗浅意见。

标准化的形式是标准化内容的表现方式，是标准化过程的表现形态，也是标准化的方法，标准化有多种形式，每种形式都表现不同的标准化内容，针对不同的标准化任务，达到不同的目的。标准化的形式是由标准化的内容决定的，并随着标准化内容的发展而变化，但标准化的形式有其相对的独立性和自身的继承性，并反作用于内容，影响内容，标准化过程是标准化的内容和形式的辩证统一过程。研究各种标准化形式及其特点，不仅便于在实际工作中根据不同的标准化任务，选择和运用适宜的标准化形式，达到标准化的目标，而且能够根据标准化工程的发展和客观的需要，及时地创立新形式取代旧形式，为标准化工程的进一步发展开辟道路。标准化的形式主要有简化、系列化、综合标准化、超前标准化、组合化等。

标准化作业的三个要素

1. 周期时间

周期时间是指完成一个工序所需的必要的全部时间。

在我们的工作中，如果没有周期时间限制，而是我们任意按照自己的想法，推迟或提前完成规定的工作，这两种情况均是不可取的。作为销售部来讲，前者会造成客户不满或损害公司形象，后者会造成公司资金或人员的浪费。同时两者都会给下一道工序的进行造成不好影响。比如说：在合格证问题上，由于没有固定的周期时间限制，而是完全的灵活，一旦合格证没有在客户期望的时间内到达，客户肯定会不满，严重的是对公司的信任度下降，同时也增加了销售人员的工作难度，也损害公司形象。再来说后者，比如在拷车问题上，如果我们将客户要的车提前两周拷回来了，很明显这就占用了公司资金，而影响到急需车型的提取；或者是没有将钱花在最需要的地方，造成浪费。所以说，不管我们在做哪一道工序，我们都需要一个标准的工作时间，同时保证“3W”的实现，保证服务的及时、准确。

2. 作业程序

顾名思义，作业程序就是将要做的事情按预先设定好的步骤进行工作。

如果没有作业程序或者作业程序不明确，或不遵守，都会造成工作延迟完成，造成工作完成质量的不合格，或者根本就完不成工作。如果我们每一道工序都没有标准程序，试想整个工作现场将会变得何等混乱不堪，将会造成多大的浪费，多少不均衡、不合理的现象发生。这种状况，除了客户不满意外，就连本公司的员工也很难满意。作业程序既是作业者执行的标准，也是上级考核下级的依据。所以，要想创造客户、员工满意度，各个工序必须制定一个严格的、益于执行的作业程序。按照作业程序进行作业也是确保在周期时间内完成工作的重要保障。

3. 标准手头存活量

标准手头存活量是指维持正常工作进行的必要的库存量，其中包括即将消化的库存。

所有事情的发生不会绝对按人们的计划来发生，而是充满了可变性和不可预见性。为了预防这种情况的发生，而给工作造成不便和紧张，我们必须备有适当的、可以随时调用的资源。这一步，是保证前两步实现的基础，是保证所有工作进行的前提，因此无论什么时候都必须有标准手头存活量。

四 大 目 的

在工厂里，所谓“制造”就是以规定的成本、规定的工时、生产出品质均匀、符合规格的产品。要达到上述目的，如果制造现场的作业如工序的前后次序随意变更，或作业方法或作业条件随人而异有所改变的话，一定无法生产出符合上述目的的产品。因此，必须对作业流程、作业方法、作业条件加以规定并贯彻执行，使之标准化。

标准化有四大目的，即技术储备、提高效率、防止再发、教育训练。此外，标准化还可以用作目视化管理的工具。标准化的作用主要是把企业内的成员所积累的技术、经验，通过文件的方式来加以保存，而不会因为人员的流动，而使技术、经验跟着流失，从而达到个人知道多少，组织就知道多少，也就是将个人的经验（财富）转化为企业的财富；更因为有了标准化，每一项工作即使换了不同的人来操作，也不会因为不同的人在效率与品质上出现太大的差异。如果没有标准化，老员工离职时，他将所有曾经发生过问题的对应方法、作业技巧等宝贵经验装在脑子里带走后，新员工可能重复发生以前的问题，即便在交接时有了传授，但凭记忆很难完全记住。没有标准化，不同的师傅将带出不同的徒弟，其工作结果的一致性可想而知。

单元 3　型腔铣削及孔和孔系加工

知识目标：

1. 能说出型腔铣削的下刀方法。
2. 能说出孔加工的要点。
3. 能描述铰孔的要点。

技能目标：

1. 能完成型腔零件加工工序卡的填写。
2. 能编写型腔铣削及孔和孔系的数控加工程序。
3. 能完成型腔铣削及孔和孔系的加工。

态度目标：

1. 体会数控加工的乐趣。
2. 具有爱岗敬业精神。
3. 具有良好的加工效率意识。

任务 7　盒子凹模零件加工

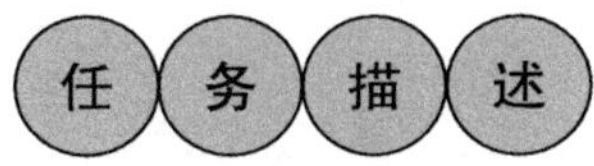

接到“盒子凹模”零件(图 7-1)加工任务,通过分析,制订出合适的加工工艺,填写加工工序卡,编制出合适的数控加工程序,完成“盒子凹模”零件的加工。

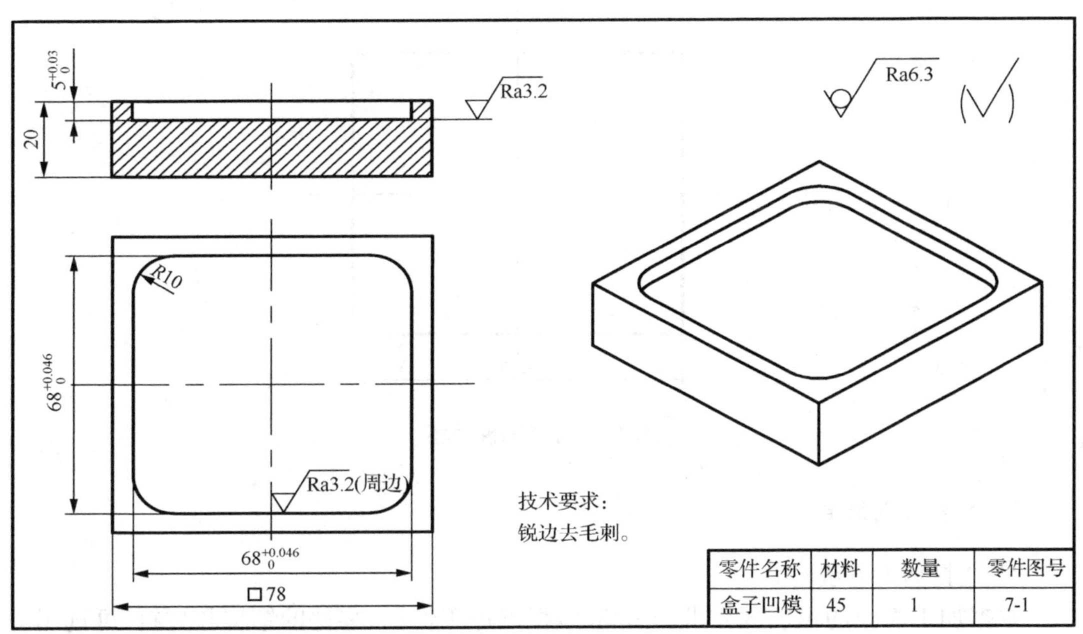

图 7-1　盒子凹模零件

3.7.1　零件分析

1. 零件图分析

该零件名称为“盒子凹模”,零件材料为 45 钢,该零件尺寸标注完整,内槽宽度尺寸公差要求为 $68^{+0.046}_{0}$ mm,要加工的表面粗糙度要求为 Ra3.2,无热处理要求,构成零件轮廓的几何元素完整,加工部位封闭,属单件小批量生产。

2. 加工工艺性分析

通过零件图分析可知,该零件切削加工工艺性一般,符合经济型数控铣床的加工范围。

3.7.2 零件加工工艺准备

1. 毛坯选择

选择如图 7-2 所示毛坯。

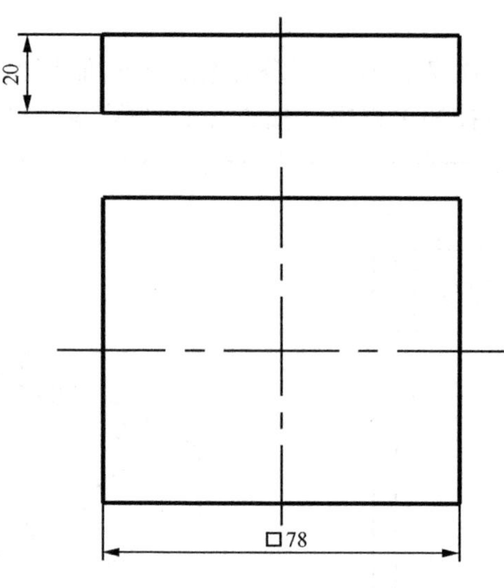

图 7-2 盒子凹模毛坯

2. 工艺路线拟定

1）选择加工方法

根据加工表面的粗糙度要求为 Ra3.2，根据加工性质、零件的结构和材料，可选用键槽铣刀进行下刀，开粗除料完后再进行轮廓加工，先粗铣，再半精铣、精铣。

2）安排加工顺序

先进行凹槽内部余料的去除加工，再进行凹槽轮廓的粗铣，最后进行轮廓的精铣加工并保证精度要求。

3. 各工序加工余量确定

粗加工留余量为 0.5mm，半精加工留余量为 0.2mm。

4. 工艺装备选择

1）机床选择

可以选择经济型三轴控制立式数控铣床。

2）夹具选择

本次生产属于单件小批量生产，且根据零件结构，可以选择通用夹具机用平口钳进行装夹。

3）刀具选择

为了提高加工效率及下刀需要，可选择 ϕ12 高速钢键槽铣刀（两刃）进行粗加工和选择 ϕ12 硬质合金立铣刀（四刃）进行半精加工及精加工。

4）量具选择

根据零件图的尺寸精度要求，可以选择通用量具游标卡尺。

5. 切削用量选择

此零件加工用刀与任务 2 相同，切削用量请参考任务 2 的内容，结果如表 7-1 所示。

表 7-1　盒子凹模零件切削参数

刀具规格	铣削方法	v_c/(m/min)	n/(r/min)	z	a_f/(mm/z)	v_f/(mm/min)
ϕ12 高速钢键槽铣刀（两刃）	粗铣	30	796	2	0.15	239
ϕ12 硬质合金立铣刀（四刃）	半精铣、精铣	80	2123	4	0.06	509

根据加工工艺，填写工序卡片如图 7-3 所示。

3.7.3　零件加工程序编制

1. 工件零点确定

工件零点设在零件上表面的几何中心位置，如图 7-3 所示。

2. 走刀路线确定

1）铣削方式

用顺铣。

2）下刀方式

内凹槽的下刀方式有直线垂直下刀、螺旋下刀及斜线下刀等，这里粗铣选择螺旋下刀方式，如图 7-4 所示。

3）切入切出路线

本例采取圆弧切入切出方法，如图 7-4 所示。

3. 节点坐标计算

节点坐标如图 7-5 所示。

4. 加工程序编制

根据要求，编制出粗加工程序如 59 页所示。

数控加工工序卡片	产品型号	7-1	零件图号	7-1	第 1 页	第 1 页
	产品名称	盒子凹模	零件名称	盒子凹模	共 1 页	第 1 页

车间	工序号	工序名称	材料牌号
现代制造	10	数控铣	45＃
毛坯种类	毛坯外形尺寸		每台件数
方块	78×78×20		1
设备名称	设备型号	设备编号	同时加工件数
立式数控铣床	XD-40	CNC01	
夹具编号		夹具名称	切削液
PKQ01		平口钳	LF350 长效金属切削液
工位器具编号		工位器具名称	工序工时
			准终 / 单件

工步号	工步内容	工艺设备	主轴转速 /(r/min)	进给速度 /(mm/min)	切削深度/mm	进给次数	刀补地址 半径	刀补地址 长度	工步工时 机动	工步工时 辅助
10	粗铣凹槽，留余量 0.5	ϕ12 高速钢键槽铣刀	796	239	5	1	D01	H01		
20	半精铣凹槽，留余量 0.2	ϕ12 硬质合金立铣刀	2123	509	5	1	D02	H02		
30	精铣凹槽至尺寸 $68_{0}^{+0.046}$	ϕ12 硬质合金立铣刀	2123	509	5	1	D02	H02		

描图 描校 底图号 装订号

标记	更改文字号	签名	日期	标记	更改文字号	签名	日期	设计(日期)	审核(日期)	标准化(日期)	会签(日期)

图 7-3　盒子凹模零件数控加工工序卡片

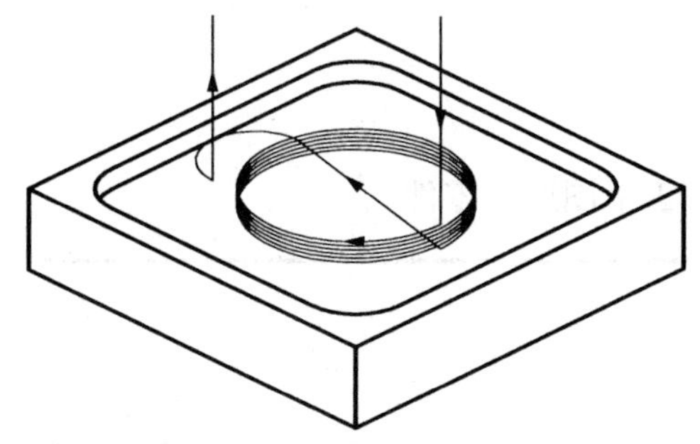

图 7-4　螺旋下刀及圆弧切入切出路线

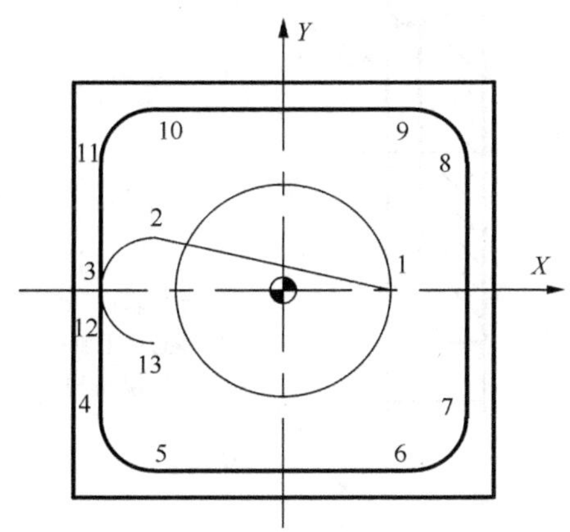

第1个点坐标：X=20.000, Y=−0.000
第2个点坐标：X=−24.000, Y=10.000
第3个点坐标：X=−34.000, Y=−24.000
第4个点坐标：X=−34.000, Y=−34.000
第5个点坐标：X=−24.000, Y=−34.000
第6个点坐标：X=34.000, Y=−24.000
第7个点坐标：X=34.000, Y=24.000
第8个点坐标：X=34.000, Y=24.000
第9个点坐标：X=24.000, Y=34.000
第10个点坐标：X=−24.000, Y=34.000
第11个点坐标：X=−34.000, Y=24.000
第12个点坐标：X=−34.000, Y=0.000
第13个点坐标：X=−24.000, Y=−10.000

图 7-5　盒子凹模节点坐标

粗加工程序：

```
%
O7001;(盒子凹模加工程序)
G54 G21 G90 G80 G69 G40 G49;
M03 S796;
M08;
N10 G00 X20.000 Y-0.000;
G43 Z50.0 H01;
G01 Z1.0 F239;
G02 I-20.0 J0 Z0;
G02 I-20.0 J0 Z-1.0;
G02 I-20.0 J0 Z-2.0;
G02 I-20.0 J0 Z-3.0;
G02 I-20.0 J0 Z-4.0;
G02 I-20.0 J0 Z-5.0;
G02 I-20.0 J0;
N20 G41 G01 X-24.000 Y10.000 D01;
N30 G03 X-34.000 Y0.000 R10.0;
N40 G01 X-34.000 Y-24.000;
N50 G03 X-24.000 Y-34.000 R10.0;
N60 G01 X24.000 Y-34.000;
N70 G03 X34.000 Y-24.000 R10.0;
N80 G01 X34.000 Y24.000;
N90 G03 X24.000 Y34.000 R10.0;
N100 G01 X-24.000 Y34.000;
N110 G03 X-34.000 Y24.000 R10.0;
N120 G01 X-34.000 Y0.000;
N130 G03 X-24.000 Y-10.000 R10.0;
G00 Z100.0;
G40;
M09;
M30;
%
```

3.7.4 零件加工

略。

拓展练习： 按要求加工下图所示零件。

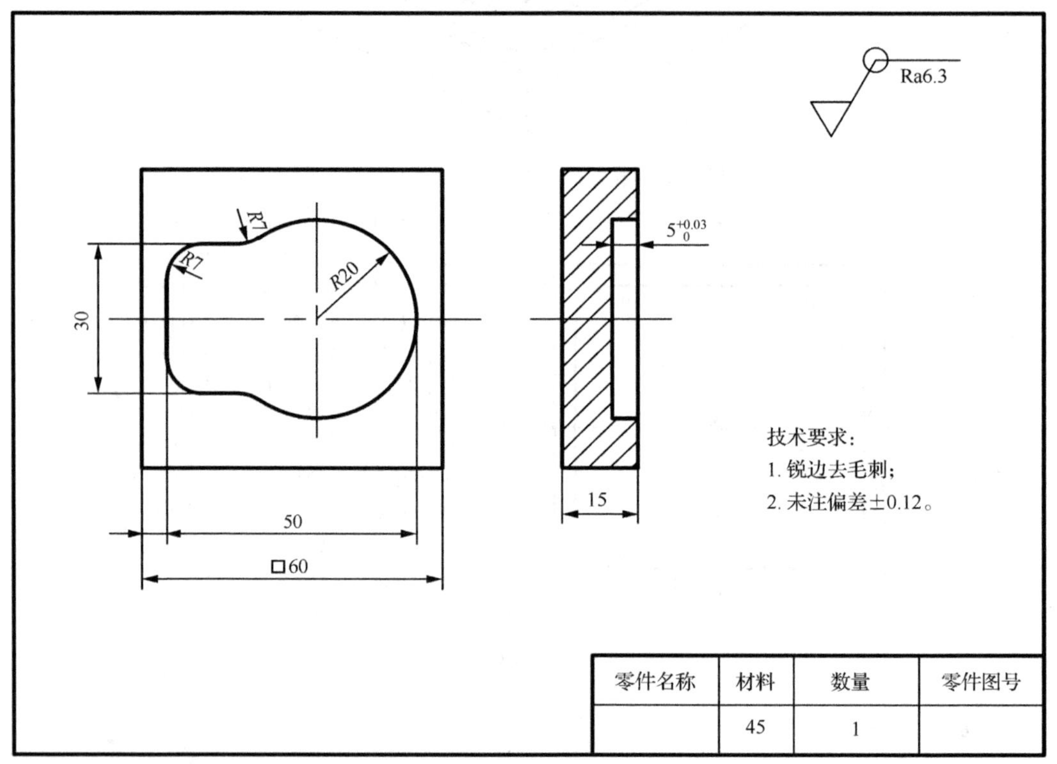

盒子凹模零件考核评价

零件图号			操作员		消耗工时
序号	评价内容	评价等级	评价标准	自评结果（在相应位置打√）	第三方评价结果（在相应位置打√）
1	安全文明生产	优秀 良好 一般	始终按操作规程进行操作且无事故发生的为优秀，有1次小问题发生的为良好；有2次小问题发生的为一般，不得有重大事故发生	___ ___ ___	___ ___ ___
2	岗位5S作业	优秀 良好 一般	按标准岗位5S作业要求做的为优秀，有1处没做好的为良好；有2处以上没做好的为一般	___ ___ ___	___ ___ ___

续表

<table>
<tr><td colspan="2">零件图号</td><td></td><td>操作员</td><td></td><td>消耗工时</td></tr>
<tr><td>序号</td><td>评价内容</td><td>评价等级</td><td>评价标准</td><td>自评结果
（在相应位置打√）</td><td>第三方评价结果
（在相应位置打√）</td></tr>
<tr><td>3</td><td></td><td></td><td></td><td></td><td></td></tr>
<tr><td>4</td><td></td><td></td><td></td><td></td><td></td></tr>
<tr><td>5</td><td></td><td></td><td></td><td></td><td></td></tr>
<tr><td>6</td><td></td><td></td><td></td><td></td><td></td></tr>
<tr><td>7</td><td></td><td></td><td></td><td></td><td></td></tr>
</table>

注：空白处可根据实际情况自行设定。

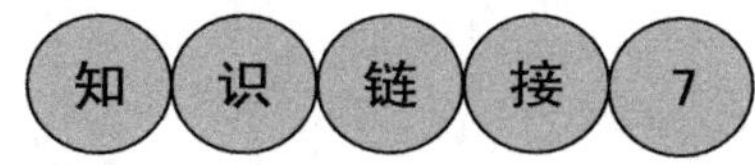

设备三级保养

设备维护保养工作，依据工作量大小和难易程度，分为日常保养、一级保养和二级保养，所形成的维护保养制度称为“三级保养制”。三级保养工作做好了，就为设备经常保持最佳技术状态提供了根本保证。

1. 日常保养

这类保养由操作者负责,每日班后小维护,每周班后大维护,主要内容是:认真检查设备使用和运转情况,填写好交接班记录,对设备各部件擦洗清洁,定时加油润滑;随时注意紧固松脱的零件,调整消除设备小缺陷;检查设备零部是否完整,工件、附件是否放置整齐等。

2. 一级保养

这类保养是指设备运行一个月(两班制),以操作者为主,维修工人配合进对保养。其内容是:"脱黄袍"、"清内脏",其主要工作内容是:检查、清扫、调整电器控制部位;彻底清洗、擦拭设备外表,检查设备内部;检查、调整各操作、传动机构的零部件;检查油泵、疏通油路,检查油箱油质、油量;清洗或更换渍毡、油线,清除各活动面毛刺;检查、调节各指示仪表与安全防护装置;发现故障隐患和异常,要予以排除,并排除泄漏现象等。设备经一级保养后要求达到外观清洁、明亮;油路畅通、油窗明亮;操作灵活,运转正常;安全防护、指示仪表齐全、可靠。保养人员应将保养的主要内容、保养过程中发现和排除的隐患、异常、试运转结果、试生产件精度、运行性能等,以及存在的问题做好记录。一级保养以操作工为主,专业维修人员配合并指导。

3. 二级保养

二级保养是以维持设备的技术状况为主的检修形式。二级保养的工作量介于中修理和小修理之间,既要完成小修理的部分工作,又要完成中修理的一部分,主要针对设备易损零部件的磨损与损坏进行修复或更换。二级保养要完成一级保养的全部工作,还要求润滑部位全部清洗,结合换油周期检查润滑油质,进行清洗换油。检查设备的动态技术状况与主要精度(噪声、震动、温升、油压、波纹、表面粗糙度等),调整安装水平,更换或修复零部件,刮研磨损的活动导轨面,修复调整精度已劣化部位,校验机装仪表,修复安全装置,清洗或更换电机轴承,测量绝缘电阻等。经二级保养后要求精度和性能达到工艺要求,无漏油、漏水、漏气、漏电现象,声响、震动、压力、温升等符合标准。二级保养前后应对设备进行动、静技术状况测定,并认真做好保养记录。二级保养以专业维修人员为主,操作工为辅。

任务 8　压板零件加工

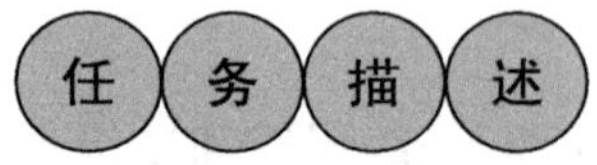

接到"压板"零件(图 8-1)加工任务,通过分析,制订出合适的加工工艺,填写加工工序卡,编制出合适的数控加工程序,完成"压板"零件的加工。

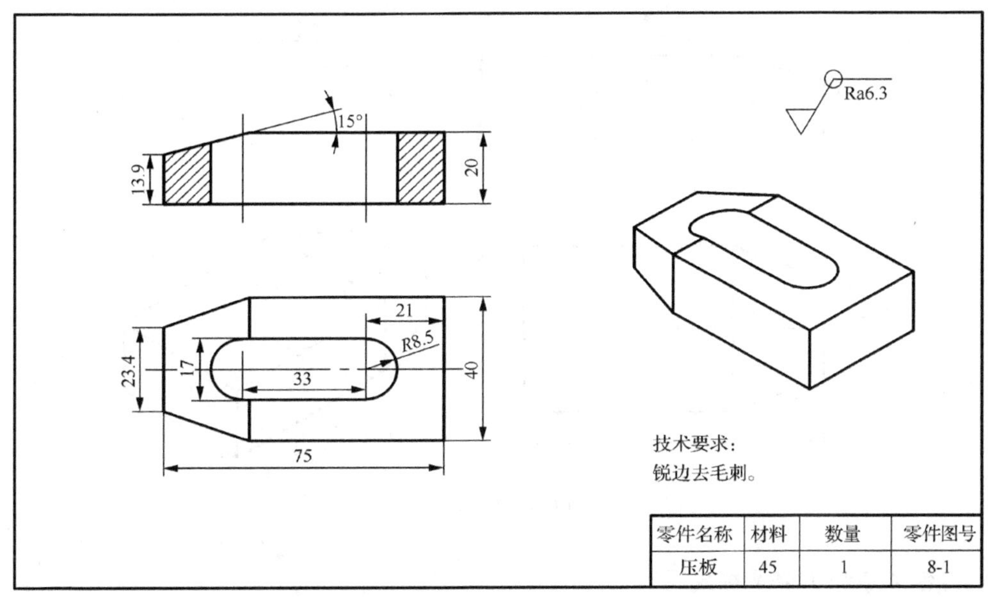

零件名称	材料	数量	零件图号
压板	45	1	8-1

图 8-1　压板零件

3.8.1　零件分析

1. 零件图分析

零件名称为“压板”,零件材料为 45 钢,尺寸标注完整,其中槽长为 41.5mm、宽为 17mm、圆弧半径为 8.5mm,精度要求不高,属自由公差,主要加工重点是保证表面粗糙度 Ra3.2,无热处理要求。构成零件轮廓的几何元素完整,加工部位封闭,属单件小批量生产。

2. 加工工艺性分析

通过对零件图分析可知,该零件可能考虑钻加工工艺孔下刀或者斜插下刀等,切削加工工艺性一般,符合经济型数控铣床的加工范围。

3.8.2　零件加工工艺准备

1. 毛坯选择

零件毛坯如图 8-2 所示,已在普通机床完成坯件上、下表面和四个侧面的预加工以及三个斜面的加工。

2. 工艺路线拟定

1) 选择槽加工的方法

零件表面的粗糙度要求为 Ra3.2,可以粗铣后精铣完成。

2) 安排加工顺序

先粗铣,后精铣。

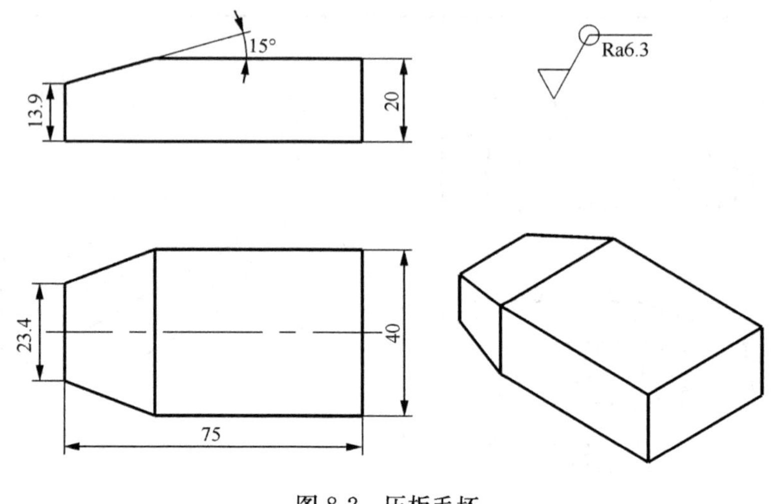

图 8-2　压板毛坯

3. 各工序加工余量确定

粗铣留 0.5mm 余量。

4. 工艺装备选择

1）机床选择
可以选择经济型三轴控制立式数控铣床。
2）夹具选择
本次生产属于单件小批量生产，所以可以选择通用夹具机用平口钳。
3）刀具选择
粗铣可以选择 ϕ12 高速钢键槽铣刀，精铣可以选择 ϕ12 的高速钢立铣刀。
4）量具选择
由于零件图的尺寸精度要求不高，可以选择通用量具游标卡尺。

5. 切削用量选择

根据工件材料和刀具材料，查附表 1、附表 2 选择相关切削参数并计算结果如表 8-1 所示。

表 8-1　压板零件切削参数

刀具规格	铣削方法	v_c /(m/min)	n /(r/min)	z	a_f /(mm/z)	v_f /(mm/min)	备注
ϕ12 高速钢键槽铣刀（两刃）	粗铣	30	796	2	0.1	159	考虑实际加工是 Z 向斜插下刀，避免崩刃，所以 v_f 取 50mm/min
ϕ12 高速钢立铣刀（四刃）	精铣	35	928	4	0.04	148	考虑一刀切深 20mm，避免让刀、断刀，所以 v_f 取 80mm/min

根据加工工艺，填写工序卡片如图 8-3 所示。

	数控加工工序卡片	产品型号	8-1	零件图号	8-1	第1页	第1页
		产品名称	压板	零件名称	压板	共1页	第1页

车间	工序号	工序名称	材料牌号	
现代制造	10	数控铣	45＃	
毛坯种类	毛坯外形尺寸		每台件数	
方块	75×40×20		1	
设备名称	设备型号	设备编号	同时加工件数	
立式数控铣床	XD-40	CNC01		
夹具编号		夹具名称	切削液	
PKQ01		平口钳	LF350 长效金属切削液	
工位器具编号		工位器具名称	工序工时	
			准终	单件

	工步号	工步内容	工艺设备	主轴转速/(r/min)	进给速度/(mm/min)	切削深度/mm	进给次数	刀补地址		工步工时	
								半径	长度	机动	辅助
	10	粗铣槽，留余量 0.5	ϕ12 高速钢键槽铣刀	796	50	20	1	—	H01		
描　图	20	精铣槽至合格	ϕ12 高速钢立铣刀	928	80	20	1	D02	H02		
	30										
描　校	40										
	50										
底图号	60										
	70										

装订号									设计(日期)	审核(日期)	标准化(日期)	会签(日期)
	标记	更改文字号	签名	日期	标记	更改文字号	签名	日期				

图 8-3　压板零件数控加工工序卡片

3.8.3 零件加工程序编制

1. 工件零点确定

工件零点选择在零件上表面的几何中心位置，如图 8-3 卡片中的图所示。

2. 走刀路线确定

粗铣分层斜插走刀，如图 8-4 所示；精铣按槽轮廓顺铣走刀，如图 8-5 所示。

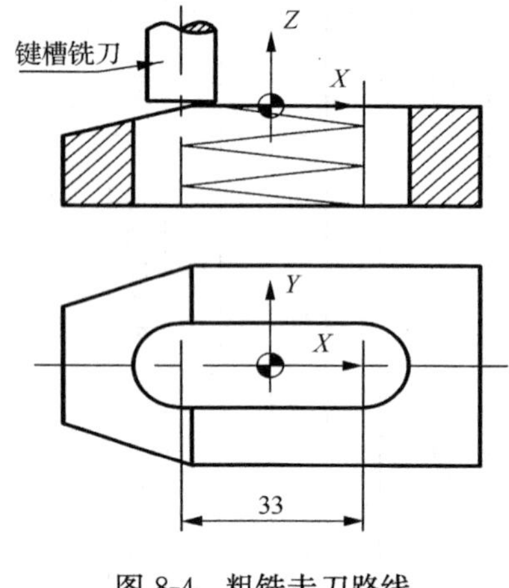

图 8-4 粗铣走刀路线

第1个点坐标：X=0.000, Y=0.000
第2个点坐标：X=−18.000, Y=7.000
第3个点坐标：X=−25.000, Y=0.000
第4个点坐标：X=−16.500, Y=−8.500
第5个点坐标：X=16.500, Y=−8.500
第6个点坐标：X=16.500, Y=8.500
第7个点坐标：X=−16.500, Y=8.500
第8个点坐标：X=−25.000, Y=0.000
第9个点坐标：X=−18.000, Y=−7.000

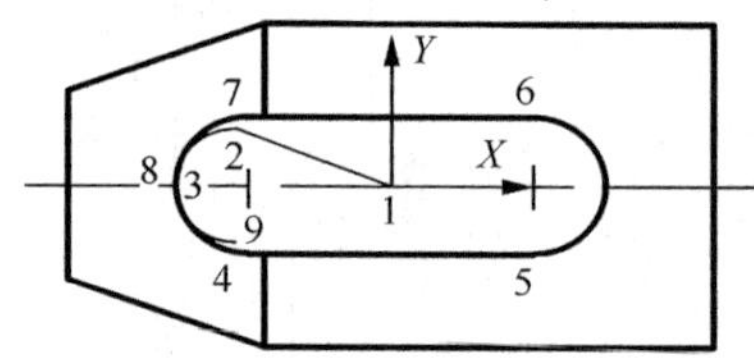

图 8-5 精铣走刀路线

3. 加工程序编制

根据要求，编制出的加工参考程序如下：

```
%
O8002;(斜插下刀程序)
G21 G54 G80 G90 G17 G40;
M03 S796;
M08;
G00 X-16.5 Y0;
G43 Z50.0 H01;
G01 Z1.0 F200;
G01 X16.5 Z-4.0 F50;
G01 X-16.5 Z-8.0;
G01 X16.5 Z-12.0;
G01 X-16.5 Z-16.0 ;
G01 X16.5 Z-20.0;
G01 X-16.5 Z-22.0;
G01 X16.5;
G00 Z100.0;
M09;
M30;
%
```

```
%
O8003;(精铣槽程序)
G21 G54 G90 G80 G49 G40;
M03 S928;
M08;
N10 G00 X0.000 Y0.000;
G43 Z50.0 H02;
G01 Z-22.0 F100;
N20 G41 X-18.000 Y7.000D02 F80;
N30 G03 X-25.000 Y0.000 R7.0;
N40 G03 X-16.500 Y-8.500 R8.5;
N50 G01 X16.500 Y-8.500;
N60 G03 X16.500 Y8.500 R8.5;
N70 G01 X-16.500 Y8.500;
N80 G03 X-25.000 Y0.000 R8.5;
N90 G03 X-18.000 Y-7.000 R7.0;
G00 Z100.0;
G40;
M30;
%
```

3.8.4　零件加工

略。

拓展练习： 按要求加工下图所示零件。

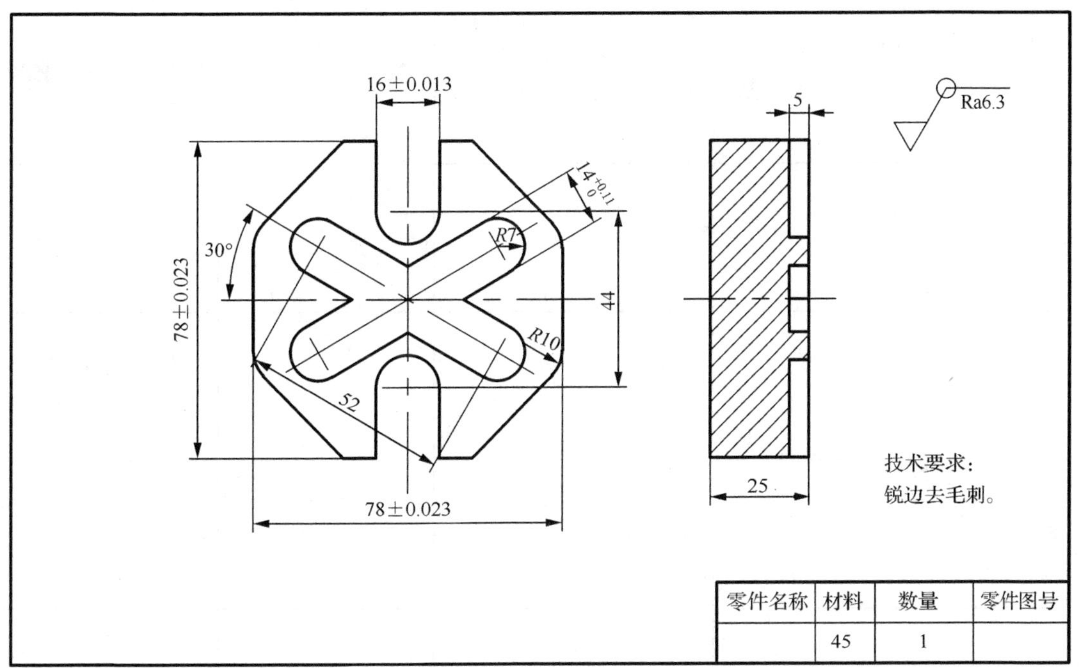

压板零件考核评价

零件图号			操作员		消耗工时
序号	评价内容	评价等级	评价标准	自评结果（在相应位置打√）	第三方评价结果（在相应位置打√）
1	安全文明生产	优秀　良好　一般	始终按操作规程进行操作且无事故发生的为优秀，有 1 次小问题发生的为良好；有 2 次小问题发生的为一般，不得有重大事故发生	___　___　___	___　___　___

续表

零件图号			操作员		消耗工时	
序号	评价内容	评价等级	评价标准	自评结果（在相应位置打√）	第三方评价结果（在相应位置打√）	
2	岗位5S作业	优秀 良好 一般	按标准岗位5S作业要求做的为优秀，有1处没做好的为良好；有2处以上没做好的为一般	___ ___ ___	___ ___ ___	
3						
4						
5						
6						
7						

注：空白处可根据实际情况自行设定。

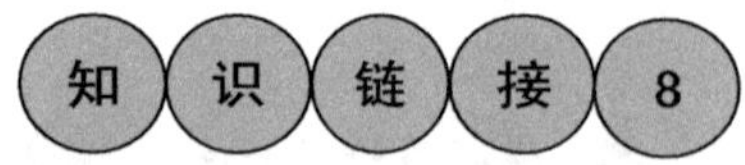

精 益 工 位

精益工位的主要作用是作业员在需要的时候准时获得零件和装配工具。

初看起来，精益工位同传统工位类似，实际上它们完全不同。例如，精益工位要求动作浪费减到最少，它包括在装配一个产品时任何不必要的时间和作业。过度扭曲、不舒适的拿取、不必要的走动，都属于动作浪费。

对于精益工位而言，所有一切必须像组织一支乐队那样设计，每一个动作都有它的目的。它需要新的思维。传统上，大多数工位都被设计成方便物料运送者，而不是增加价值的作业员。

精益工位注重那些对作业员而言关键的问题，比如安全、人体工效、容易获取零件、快速找到工具。精益工位会将装配所需的所有物料放在作业员的手指边。作业员甚至不用看就可以拿取工具和零件。

精益工位必须以节拍时间为中心。节拍时间是一个通用的精益制造术语。它用一个参考数，以使生产速度与客户的成品需求速度保持一致。节拍时间等于每班的总的生产时间除以每班客户总的需求量。

一个精益工位是执行某项工作的一个工作区。这项工作实际上是制造流程中的一个基本步骤。它包括完成这项工作的工具和补给品，它应该方便员工作业，保证员工安全。工位可以在功能上是独立的和精益的，但是如果其他工位、制程、设施布置之间不协调一致，将会造成一些损失。

在传统工位，零件和工具应在工作面上水平的放置。这种方式里没有多少思想，然而精益工位有更多的垂直布置，因此零件和工具更接近作业员。这样可以节约空间，减少寻找物料的时间浪费。

每个工位有不同的精益，这取决于它们怎样被设计，从而为精益制造服务。最精益的工位可以适应变化的任务，可以很快地被重组，可以通过不受限制的重新布置来获得最大的灵活性。

大多数专家认为丰田汽车公司是精益制造的标杆。丰田的工程师们努力设计灵活的、为标准作业服务的工位。

四个前提和三个作业要素是赢得标准化作业的必要条件。

四个前提是：

(1) 工位符合安全规定。

(2) 制程正常运行时间高。

(3) 产品的来料和出货品质得到保证。

(4) 作业方式必须是周期性的和可重复的。

三个作业要素是：

(1) 作业员的工作负荷接近节拍时间。

(2) 规定并保持正确数量的在制品。

(3) 根据理想的作业顺序设计工位。

灵活的意思是作业员的作业内容能够随客户需求的变化和产品种类的变化而变化。一旦订单变化，作业员的数量也能随之变化。精益制造要求我们总是保持灵活性，用最少的转拉时间准备好不同的A、B、C工位，从而生产不同的产品。

不幸的是，工程师在关注精益制造的初创时，有时将工位忽略了。精益工位有很多变化。精益是很主观的，它的变化很多。

动作浪费

消除动作浪费是任何精益制造初创时的关键部分。不幸的是，工位是常见的浪费来源。

最常见的动作浪费就是伸手拿取。它是工位中对生产力影响巨大的因素，同时它可以通过正确的工位大小、高度以及布置避免对生产力的影响。

拿取是时间浪费者，因为拿取不增加价值。过度伸手拿取是最常见的动作浪费，可以很容易被识别。拿取、起立、伸直身子和弯腰，需要过度使用大肌，增加时间浪费。

肌肉紧张总是跟过度伸展拿取伴随。例如，弯腰提重物或拿放工具，累积的疲劳会导致生产效率的降低。除过度伸展以外，过度走动是工位优化改善的另一因素。

装配工位的动作浪费随着生产类型和数量的不同而不同。在少量定制的生产环境，寻找工具、部件和情报完成生产是典型的浪费形式。在大量生产环境下，转身、扭曲、伸出手拿取和走动以获取部件是典型的浪费形式。

战略公司总裁科特曼·李认为，现在是工程师们重新发扬动作经济原则的时候了。罗尔夫·巴尼斯在20世纪30年代整理的这些原则，它们在第二次世界大战期间被成功运用。在20世纪50年代，丰田公司将动作经济揉到它自己的生产系统中，这就是今天精益制造的奠基。

当20世纪60年代，美国工业着迷于计算机时，他们完全忘记了动作经济。当精益制造从日本被重新引入时，动作经济也没有得到足够重视。

动作经济原则是减少工位或低一级水平的浪费。它们使得重复的任务更容易、更有效率。

初看起来，动作经济原则似乎是简单的、自明的和常识的，但是如果动作经济是常识，那么这个常识则非常不普通了。

动作经济也有局限性。它没有考虑身体的局限性以及作业员之间的不同。

从动作经济原则上看起来低效的动作，实际上却可以避免由于某些静态的姿势而造成的疲劳和可能的损伤。尽管如此，运用动作经济原则、人体工效学原则以及合理的设计流程将保证我们得到高效、安全、最优化的作业工位。

怎样去做

作为真正有效的精益工具，制造工程师在定义工位前需要花更多的时间和精力进行评估和研究。

大多数工位只是顺其自然，没有人花时间去设计它们。当我们进行工位评估时，我们要关注具体的区域，比如产品或物料的搬运、工具文件化、部件介绍、组织和仓储。

分析拿取部件的频率是极其重要的。那些经常被使用的部件应该放在最靠近作业员的地方。

其他一些专家认为制程和任务改变的适应性是最重要的。唯一可确定的就是产品以及制造产品的制程和工具的变化是不可避免的。工位必须不是变化的障碍，而是变化的补充和助手。

工位必须容易适应制程和任务的变化，容易满足使用它们的作业员的身体条件和工作习惯。作为生产工具，工位的最终目标是让使用它的工程师在设计组装制程有实时的灵活性和敏捷性，从而提高使用它们的作业员的生产力。

制造工程师要熟悉基本的人体工效学原则。例如，理解三个基本的人体工效作业区是重要的。它们是最佳作业区、最佳抓取区和最大抓取区。装配顺序、部件摆放、工具的布置应在以上三个区域内，工程师应尽最大努力将作业安排在这三个区域内，特别是前两个区域内。当设计工位时，牢记人的运动是弧形而不是直线的，这是非常重要的。太多的工位被设计成方形的台面。当作业员从身体侧边拿部件和工具时，将会变得很困难。人体工效到达区应呈垂直和水平分布，在手臂以下伸手作业更不易疲劳。经常使用的工具和部件要尽可能放在垂直的最佳作业区内。如果有过度伸手作业，工程师们应该考虑将装配作业分成两个单独的任务。工程师应该在精益制造的原则指导下选择工位，例如工程师应该在设计工位时将 5S 考虑进去。

精益企业研究院用五个相应的术语来定义 5S，每一个术语都以字母 S 开头。它们被用来描述实行可视控制和精益生产的工作环境，例如，使用 5S 方法标识、区别工具。工具的外形被用作可视管理，以帮助快速识别和拿取工具。5S 来源于日本字，被翻译成英文的五个单词，它们是整理、整顿、清扫、清洁和保持。然而，传统丰田生产只涉及 4S。

整理——将工作区域的所有东西清理一遍，保留需要的，清除不需要的。

整顿——将那些需要的留在现场的物品分类摆放，以方便拿取。

清扫——将工作区域、设备和工具打扫干净。

清洁——通过以上 3 个 S，从而保持一个总体干净、清洁、有序的工作环境。

第五个 S 在丰田生产方式中并不使用。因为在一个每天、每星期、每月都对标准作业进行审核的生产系统里，谈保持已变得多余。丰田生产方式强调第一是安全，第二是品质，第三是标准作业。当规划一个装配作业时，丰田的工程师们总是将员工必须执行的动作详细地填写在表格里。它是一个基于现实的严谨的系统，但却可以保证安全和可重复的装配流程。当我问一个作业员，怎样算好的一天？最典型的答案是，我们的机器运行良好，我及时获得了我需要的部件，我的部件没有品质问题。丰田生产方式通过标准作业和以节拍时间作业的安全、重复的作业模式实现以上目标。

员工的关心

观察员工作业是工位设计中重要的一环。他们比任何人都更清楚地知道产品是怎样加工制造的，一位企业家曾问他的下属员工：你的痛苦和烦恼是什么？工位应该怎样与设施环境相匹配？在产品到达工位之前和之后，情况有什么不同？你想怎样改变工作区域？你认为工位怎么样？

这些因素影响到工位的尺寸、形状、辅件的选择与布置，甚至是工位应该是可移动的或是静止的。将那些需要在某一工位完成的任务和那些辅件文件化，运用从员工处获得的信息设计模块化的工位，该工位可以提供不同的变化，如表面布置和尺寸的高、深、宽。例如，工程师们可以增加一些可调节元件，运用带关节的机械臂，可以使工具能够在作业员最佳作业区内运动。在多人作业条件下，可调高度的作业台是一个最好的方法，使用弯曲手柄或电气按钮，作业员可以容易地调节作业面高度。这些因素有益于精益工位，消除不必要的动作，提高作业员的生产力。在设计装配工位时，考虑人体工效，可以避免很多长期成本。作业员应该可以控制他的直接工作环境，可以通过调节工作台以使自己处于最舒适状态。但是制造工程师不应该仅仅是观察员工作业，他们应该亲自操作，以获得更好的感受，即自己尝试，在自己设计的工位上作业。自问：我要用多大力气？我用哪个位置？大多数工程师同作业员交谈，但自己却没有坐下来亲自作业。许多工程师在设计工位时，没有用纸板、泡沫和PVC管做模型试验。我们在设计工位时，总是邀请作业员做模拟试验。我们让他们来评价工位设计。

部件和工具

当设计一个精益工位时，工程师必须决定是员工高效率地获得部件重要还是员工快速地获得工具重要，答案取决于很多因素，比如生产的产品的类型。

工程师必须考虑高效获得部件与快速获得工具之间的取舍。在一些情况下，一个成功的工位是将工具放在中心位置，其他部分放在周围；在另外一些情况下，优先考虑的是部件。

工具和部件都是完成工作所需要的，理想的工位允许部件和工具和平（和谐）共处。工位可以被设计成适应所有必要的部件和工具。

当部件和工具同等重要时，必须决定一些取舍。作业员每个作业周期都要用到的工具应该放在最近位置。许多工程师将太多注意力放在工具的布置上，而忽视了与员工的沟通，因此没有从员工处获得信息输入。

部件或工具重要性的选择取决需要完成工作的性质。如果是零件密集型的作业，许多零件需要在短周期内完成装配，那么快速获取部件更重要。如果是工具密集型的作业，需要很多工具，只有几个部件，那么快速获得工具更重要。

在任何情况下，工程师设计流程时，都应分工具型或部件型作业，然后通过将最常用的工具或部件放置在最佳作业区和最佳抓取区，来优化流程。

生产数量也会决定工具和部件，在生产数量少时，工具的布置更重要；在大量生产时，高效地获取部件更重要。

在有许多产品转换的条件下，柔性更重要。

精益工位示例如下所示。

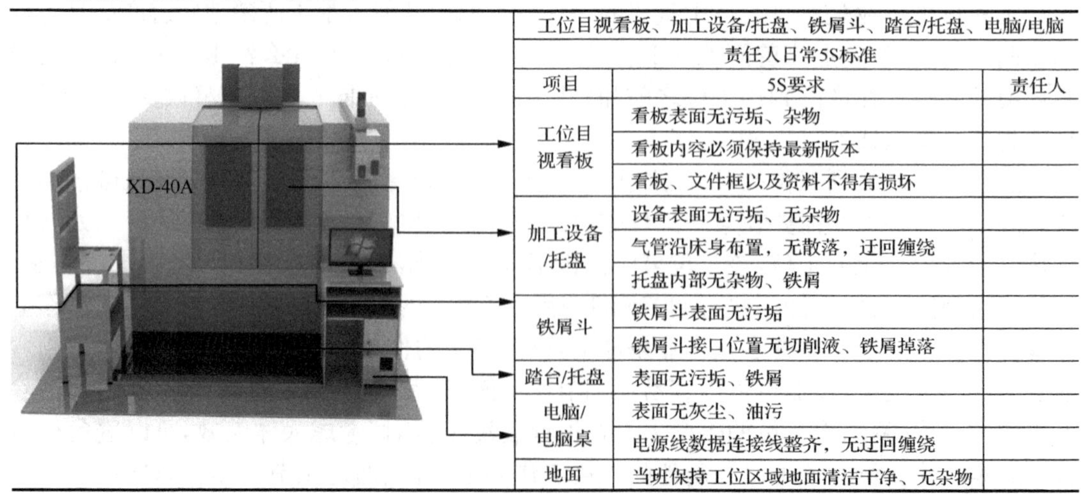

工位目视看板、加工设备/托盘、铁屑斗、踏台/托盘、电脑/电脑责任人日常5S标准		
项目	5S要求	责任人
工位目视看板	看板表面无污垢、杂物	
	看板内容必须保持最新版本	
	看板、文件框以及资料不得有损坏	
加工设备/托盘	设备表面无污垢、无杂物	
	气管沿床身布置，无散落，迂回缠绕	
	托盘内部无杂物、铁屑	
铁屑斗	铁屑斗表面无污垢	
	铁屑斗接口位置无切削液、铁屑掉落	
踏台/托盘	表面无污垢、铁屑	
电脑/电脑桌	表面无灰尘、油污	
	电源线数据连接线整齐，无迂回缠绕	
地面	当班保持工位区域地面清洁干净、无杂物	

动作经济原则

(1) 两只手同时开始和结束动作。
(2) 两只手不应同时空闲，除非是休息。
(3) 两只胳膊应该反向、对称、同步动作。
(4) 在满足作业要求的条件下，手的动作尽量运用最低等级。
(5) 尽可能运用动能帮助作业员，尽量减少肌肉运动。
(6) 连续圆滑的动作优于不停改变方向的之字形或直线动作。
(7) 曲线轨道运动比受限制的运动更快、更容易、更精确。
(8) 动作应该有节奏。
(9) 工具、物料位置固定。
(10) 工具、物料、控制器靠近作业员最前方。
(11) 尽量使用利用重力的物料箱和容器。
(12) 利用重力传递物体。
(13) 物料、工具按最优的动作顺序摆好定位。
(14) 运用工装夹具或脚踏装置以减轻手的工作。
(15) 合并工具。
(16) 预定位工具和物料。
(17) 根据手指的能力为其分配任务。
(18) 操纵杆、手轮要位于作业员方便操作，又能产生最大效力的位置。

任务9　粉笔座零件加工

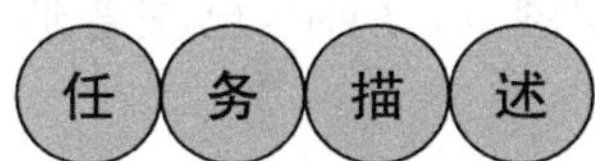

接到“粉笔座”零件(图 9-1)加工任务，通过分析，制订出合适的加工工艺，填写加工工序卡，编制出合适的数控加工程序，完成“粉笔座”零件的加工。

3.9.1　零件分析

1. 零件图分析

零件名称为“粉笔座”，材料为 45 钢，尺寸标注完整；30 个 $\phi 11$ 的尺寸公差为 0.07mm，其余均为自由公差，所有表面的表面粗糙度要求为 Ra3.2，无热处理要求，构成零件轮廓的几何元素完整，属单件小批量生产。

2. 加工工艺性分析

通过对零件图分析可知，该零件切削加工工艺性好，符合经济型数控铣床的加工范围。

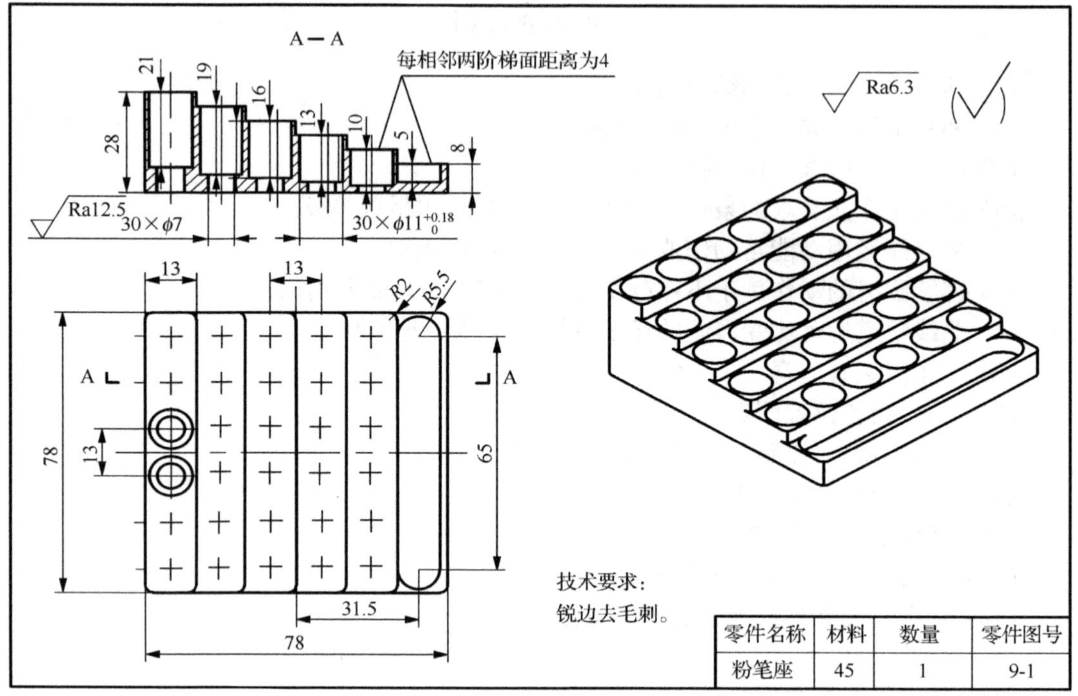

图 9-1　粉笔座零件

图 9-2　粉笔座毛坯

3.9.2　零件加工工艺准备

1. 毛坯选择

零件毛坯如图 9-2 所示，已在普通机床上加工好。

2. 工艺路线拟定

1) 选择加工方法

(1) 所有表面的表面粗糙度要求为 Ra3.2，零件高度分别为 8mm、12mm、16mm、20mm、24mm 的 5 个阶梯面可以用立铣刀粗铣后精铣完成。

(2) 由于 30×φ7mm 孔尺寸精度要求和表面粗糙度要求较低，可以先钻中心孔后直接钻孔至尺寸。

(3) 30×φ11mm 孔可以用先钻孔后扩孔完成。

(4) 宽度为 11mm 的窄槽可以用键

槽铣刀粗铣后精铣完成。

2）安排加工顺序

①粗精铣5个阶梯面→②钻30个中心孔→③钻30×ϕ7孔→④扩30×ϕ11孔→⑤粗精铣11mm的窄槽。

3. 各工序加工余量确定

阶梯和窄槽高度精加工余量为0.2mm，ϕ7孔自由公差粗钻就可以完成加工，ϕ11孔扩孔余量为0.2mm，窄槽侧面精加工余量为0.3mm(单边)。

4. 工艺装备选择

1）机床选择

可以选择经济型三轴控制立式数控铣床。

2）夹具选择

本次生产属于单件小批量生产，所以可以选择通用夹具机用平口钳。

3）刀具选择

5个台阶面用ϕ16mm立铣刀加工；ϕ7的孔用ϕ3mm的中心钻和ϕ7mm钻头加工，ϕ11的孔用ϕ10的键槽铣刀加工，宽11的窄槽用ϕ6的键槽铣刀加工。

4）量具选择

根据零件图的尺寸精度要求，可以选择通用量具游标卡尺。

5. 切削用量选择

根据工件材料和刀具材料，查附表1、附表2选择相关切削参数并计算结果如表9-1所示。

表9-1　粉笔座零件切削参数

刀具规格	刀具材料	切削方法	v_c/(m/min)	n/(r/min)	z	a_f/(mm/z)	v_f/(mm/min)
ϕ16立铣刀	高速钢	粗铣	25	497	3	0.1	149
		精铣	30	597	3	0.05	90
ϕ3中心钻	高速钢	钻	15	1592	2	0.1	318
ϕ7钻头	高速钢	钻	15	682	2	0.1	136
ϕ10键槽铣刀	高速钢	精铣	30	955	2	0.05	95
ϕ6键槽铣刀	高速钢	粗铣	25	1327	2	0.1	265
		精铣	30	1592	2	0.05	159

根据加工工艺，填写工序卡片如图9-3所示。

数控加工工序卡片	产品型号	9-1	零件图号	9-1	第 1 页	第 1 页
	产品名称	盒子凹模	零件名称	盒子凹模	共 1 页	第 1 页

车间	工序号	工序名称	材料牌号
现代制造	10	数控铣	45#
毛坯种类	毛坯外形尺寸		每台件数
方块	78×78×28		1
设备名称	设备型号	设备编号	同时加工件数
立式数控铣床	XD-40	CNC01	

夹具编号	夹具名称	切削液	
PKQ01	平口钳	LF350 长效金属切削液	
工位器具编号	工位器具名称	工序工时	
		准终	单件

	工步号	工步内容	工艺设备	主轴转速 /(r/min)	进给速度 /(mm/min)	切削深度/mm	进给次数	刀补地址 半径	刀补地址 长度	工步工时 机动	工步工时 辅助
	10	粗铣 5 个阶梯面,Z 向留余量 0.2	ϕ16 立铣刀	497	149	3	1	—	H01		
描　图	20	精铣 5 个阶梯面,保证粗糙度 Ra3.2	ϕ16 立铣刀	597	90	3	1	—	H02		
	30	钻 30 个中心孔	ϕ3 中心钻	1592	318	2	1	—	H03		
描　校	40	钻 30×ϕ7 通孔至合格	ϕ7 钻头	682	136	30	1	—	H04		
	50	扩 30×ϕ11 孔到合格	ϕ10 键槽铣刀	955	95	按图	1	D05	H05		
	60	粗铣窄槽,留余量 0.2	ϕ6 键槽铣刀	1327	265	5	1	—	H06		
底图号	70	精铣窄槽至合格	ϕ 键槽铣刀	1592	159	5	1	D07	H07		
	80										

装订号									设计(日期)	审核(日期)	标准化(日期)	会签(日期)
	标记		更改文字号	签名	日期	标记		更改文字号	签名	日期		

图 9-3　粉笔座零件数控加工工序卡片

3.9.3　零件加工程序编制

1. 工件零点确定

工件零点选择在零件上表面的左下角点位置，如图 9-3 工序卡片中的图所示。

2. 走刀路线确定

1) 阶梯面的铣削

因为精度要求不高，为提高效率，X、Y 方向可采用往复走刀方式加工；Z 方向在毛坯外下刀。尺寸为自由公差，无需使用刀具半径补偿保证精度。刀心位置坐标如图 9-4 所示。

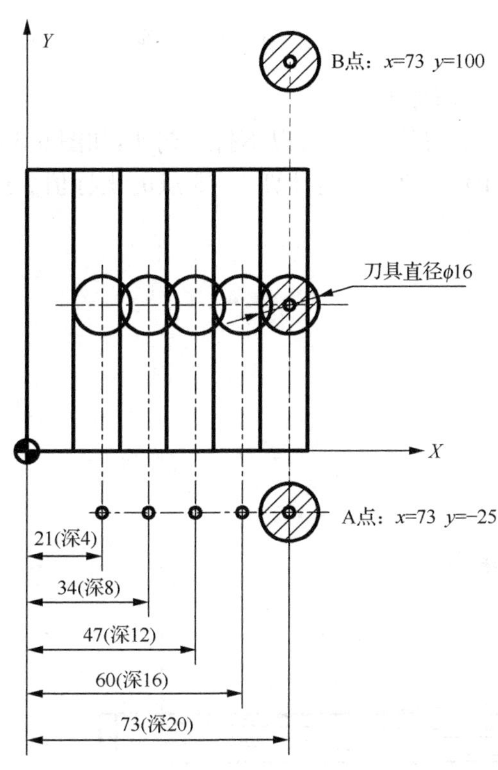

图 9-4　刀心位置

2) 30-ϕ7 和 30-ϕ11mm 的孔系加工

(1) 孔系加工时，孔中心的定位路线应注意机床进给机构的反向间隙对加工精度的影响，如图 9-5 所示。

(2) 当孔为 $L/D \geqslant 3$(L—孔的深度，D—孔的直径)的深孔时，为排屑顺畅，应采用 G83 指令，浅孔采用 G81 指令即可。

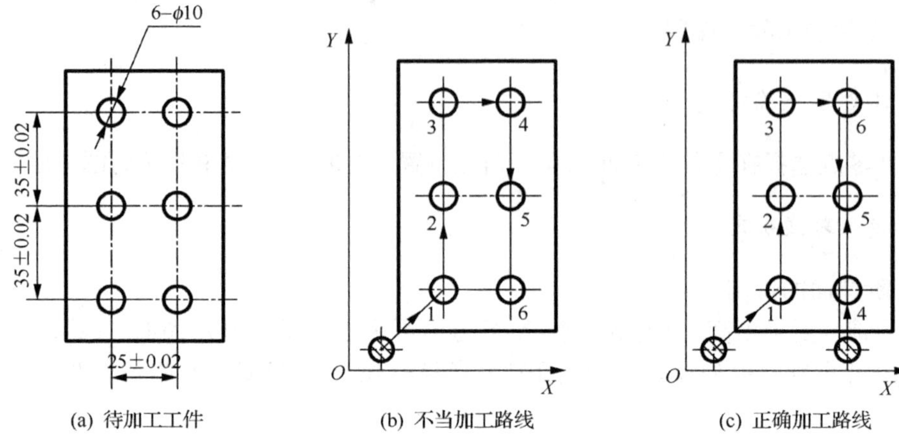

图 9-5　孔系加工路线

3）宽度为 11mm 的窄槽加工

（1）垂直方向用斜线下刀的方式，可以不打工艺孔，如图 9-6 所示。

（2）加工窄槽时，如图 9-7 所示，需计算 1～8 点的坐标值。这些坐标值可利用 CAD 软件辅助计算，如表 9-2 所示。

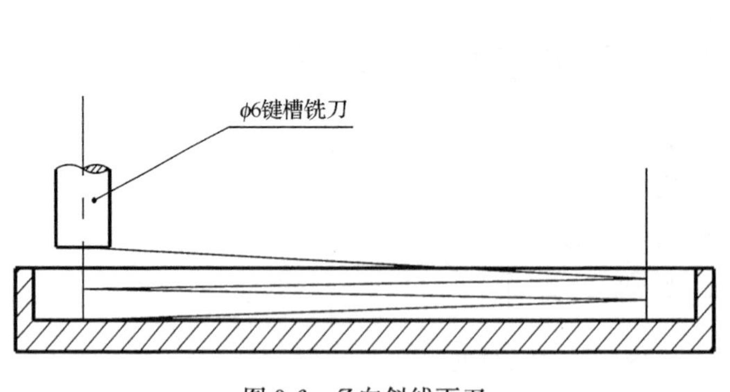

图 9-6　Z 向斜线下刀

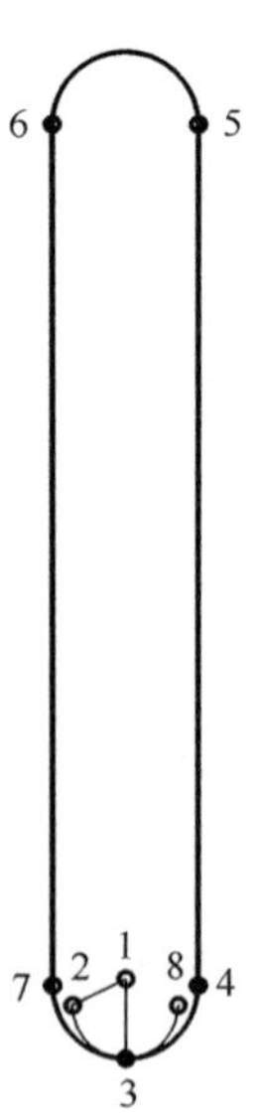

图 9-7　窄槽节点

表 9-2　窄槽节点坐标值

节点	X 坐标值	Y 坐标值
1	70.5	7
2	66.5	5
3	70.5	1
4	76	6.5
5	76	71.5
6	65	71.5
7	65	6.5
8	74.5	5

3. 加工程序编制

根据要求，编制出参考加工程序如下。

1）精铣阶梯面程序

```
%
O0001 G21G17 G40 G49 G80 G90 G54;
N10 M03 S597;
N20 G43 G00 Z50. H02;
N30 X73. Y-25.;
N40 Z5.;
N50 G01 Z-20. F90 M08;
N60 Y100.;
N70 X60.;
N80 G01 Z-16.;
N90 Y-25.;
N110 X47.;
N120 Z-12.;
N130 Y100.;
N140 X34.;
N150 Z-8.;
N160 Y-25.;
N170 X21.;
N180 Z-4.;
N190 Y100.;
N200 G00 Z100. M09;
N210 M30;
%
```

2）钻 30×ϕ7 孔(其他孔加工程序略)

```
%
O0002;
N10 G21;
N20 G17 G40 G49 G80 G90 G54;
N30 M03 S682;
N40 G43 G00 Z50. H04;
N50 X6.5 Y-10.;
```

```
N60 Z5. ;
N70 G99 G83 Z-30. Y6. 5 Q6. R5. F136;
N80 Y19. 5;
N90 Y32. 5;
N100 Y45. 5;
N110 Y58. 5;
N120 Y71. 5;
N130 G80;
N140 G00 X19. 5;
N150 Y-10. ;
N160 G99 G83 Y6. 5 Z-30. Q6. R5. F136;
N170 Y19. 5;
N180 Y32. 5;
N190 Y45. 5;
N200 Y58. 5;
N210 Y71. 5;
N220 G80;
N230 G00 X32. 5;
N240 Y-10. ;
N250 G99 G83 Y6. 5 Z-30. Q6. R5. F136;
N260 Y19. 5;
N270 Y32. 5;
N280 Y45. 5;
N290 Y58. 5;
N300 Y71. 5;
N310 G80;
N320 G00 X45. 5;
N330 Y-10. ;
N340 G99 G83 Y6. 5 Z-30. Q6. R-8. F136;
N350 Y19. 5;
N360 Y32. 5;
N370 Y45. 5;
N380 Y58. 5;
N390 Y71. 5;
N400 G80;
```

```
N410 G00 X58.5;
N420 Y-10.;
N430 G99 G81 Y6.5 Z-30. R-12. F136;
N440 Y19.5;
N450 Y32.5;
N460 Y45.5;
N470 Y58.5;
N480 Y71.5;
N490 G80;
N500 G49 G00 Z100.;
N510 M05;
N520 M30;
  %
```

3）粗铣窄槽程序及精铣铣窄槽程序

粗铣窄槽程序(斜线下刀)	精铣铣窄槽程序
%	%
O0003;	O0004;
G21 G54 G80 G90 G40 G49;	G21 G54 G80 G90 G40 G49;
M03 S1325;	M03 S1592;
M08;	M08;
G00 X70.0 Y7.0;	N10 G00 X70.5 Y7.0;
G43 G00 Z50.0 H06;	G43 G00 Z50.0 H07;
G01 Z1.0 F265;	G01 Z-5.0 F159;
G01 Y70.0 Z-1.0;	N20 G41 G01 X66.5 Y5.0 D07;
G01 Y7.0 Z-2.0;	N30 G03 X70.5 Y1.0 R4.0;
G01 Y70.0 Z-3.0;	N40 G03 X76.0 Y6.5 R5.5;
G01 Y7.0 Z-4.0;	N50 G01 Y71.5;
G01 Y70.0 Z-5.0;	N60 G03 X65.0 Y71.5 R5.5;
G01 Y7.0;	N70 G01 Y6.5;
G00 Z100.0;	N72 G03 X70.5 Y1.0 R5.5;
M30;	N80 G03 X74.5 Y5.0 R4.0;
%	G00 Z100.0;
	G40;
	M30;
	%

3.9.4　零件加工

略。

拓展练习： 按要求加工下面两图所示零件。

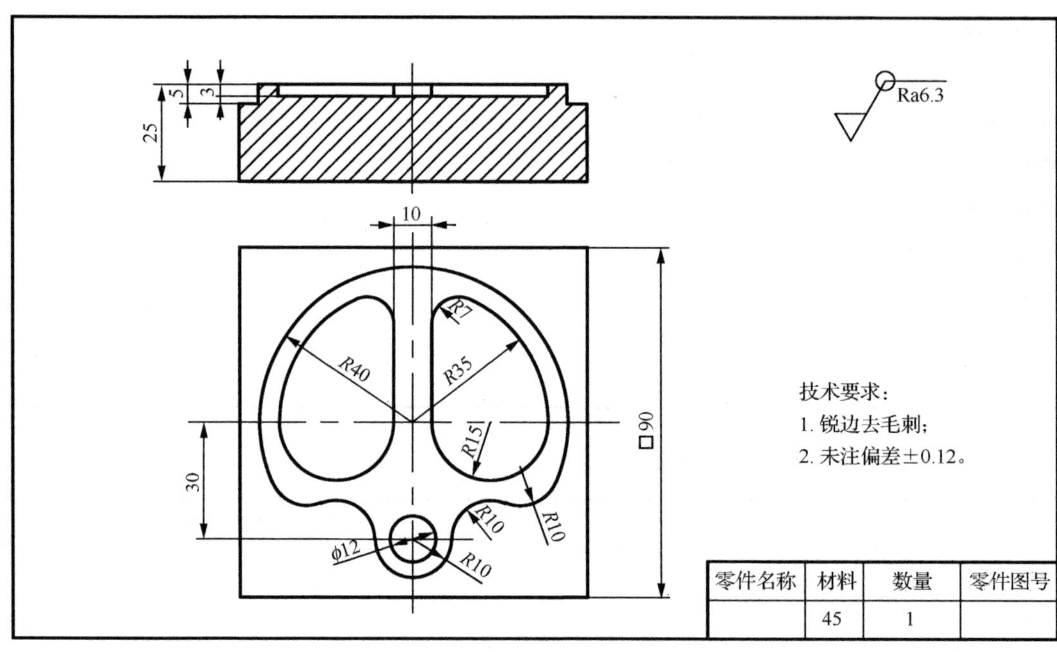

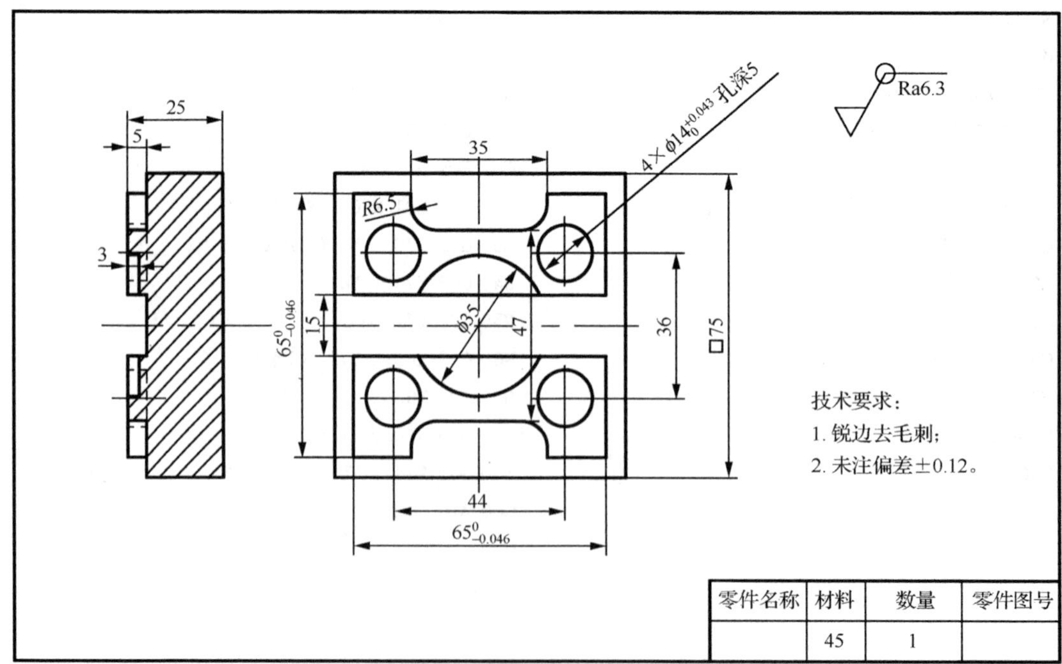

粉笔座零件考核评价

零件图号			操作员		消耗工时	
序号	评价内容	评价等级	评价标准	自评结果 (在相应位置打√)	第三方评价结果 (在相应位置打√)	
1	安全文明生产	优秀 良好 一般	始终按操作规程进行操作且无事故发生的为优秀，有1次小问题发生的为良好；有2次小问题发生的为一般，不得有重大事故发生			
2	岗位5S作业	优秀 良好 一般	按标准岗位5S作业要求做的为优秀，有1处没做好的为良好；有2处以上没做好的为一般			
3						
4						
5						
6						
7						

注：空白处可根据实际情况自行设定。

任务10 凸轮零件加工

任务描述

接到“凸轮零件”(图10-1)加工任务，通过分析，制订出合适的加工工艺，填写加工工序卡，编制出合适的数控加工程序，完成“凸轮零件”的加工。

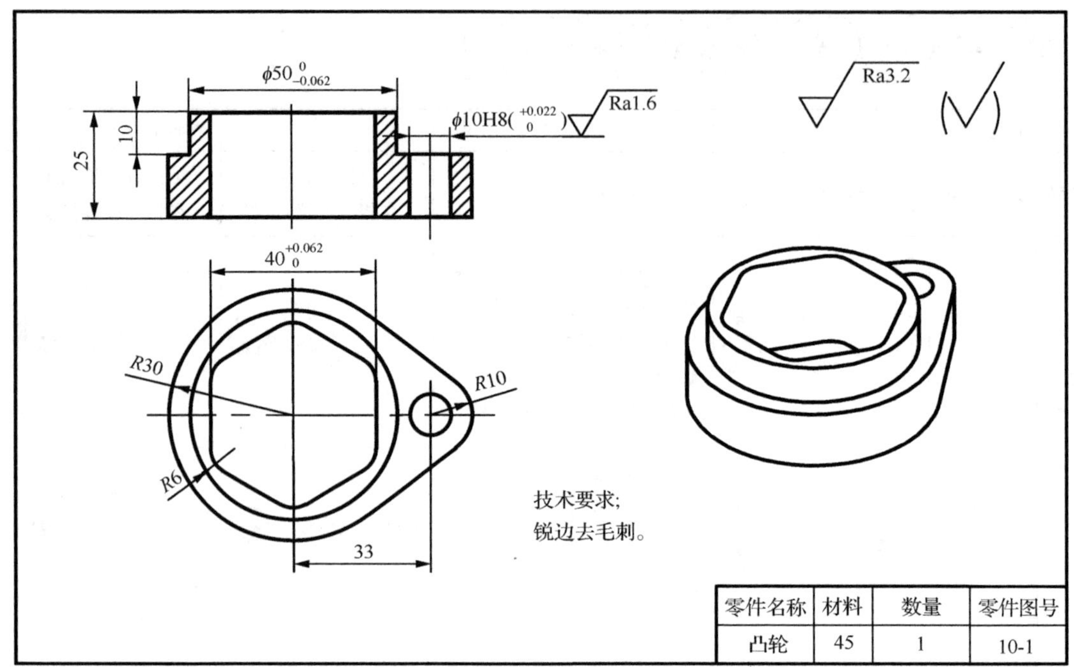

零件名称	材料	数量	零件图号
凸轮	45	1	10-1

图 10-1　凸轮零件

3.10.1　零件分析

1. 零件图分析

零件名称为“凸轮”,零件材料为 45 钢,尺寸标注完整,ϕ50 外圆及内六边形尺寸精度要求分别为 $\phi50_{-0.062}^{0}$、$40_{0}^{+0.062}$,其余尺寸为自由公差;ϕ10H8 孔的表面粗糙度要求为 Ra1.6,其余所有表面的表面粗糙度要求为 Ra3.2,无热处理要求,构成零件轮廓的几何元素完整,加工时应根据毛坯的形状选择不同的装夹方案进行加工。

2. 加工工艺性分析

通过对零件图分析可知,该零件切削加工工艺性一般,符合经济型数控铣床的加工范围。

3.10.2　零件加工工艺准备

1. 毛坯选择

图 10-2(a)为单件生产的板料毛坯;图 10-2(b)为批量生产的铸件毛坯。

2. 工艺路线拟定

毛坯形式不同,加工工艺也随之不同。

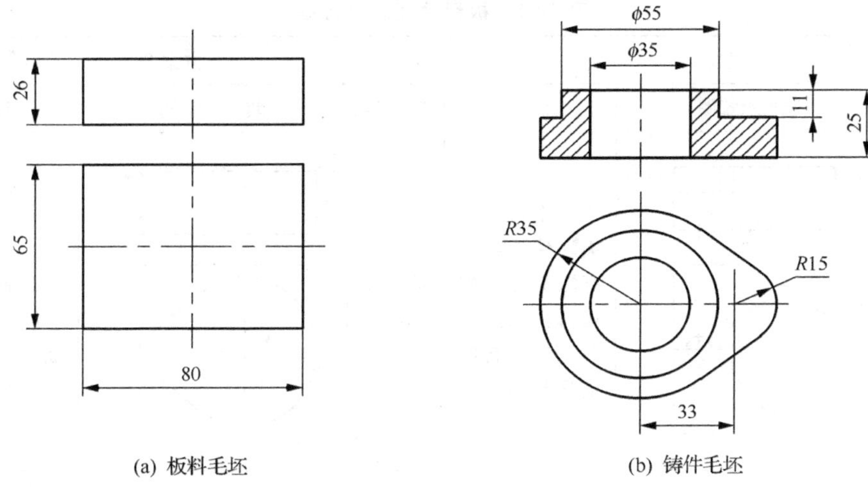

(a) 板料毛坯　　(b) 铸件毛坯

图 10-2　凸轮毛坯形式

1）板料毛坯

(1) 如表 10-1 所示，按方案 1 装夹，第一次装夹时，依次完成端面、内六边形、ϕ50 外圆、台阶面及 ϕ10 孔的粗精加工；第二次装夹时，依次完成另一端面和凸轮轮廓的粗精加工。

(2) 如表 10-1 所示，按方案 2 装夹，第一次装夹时，依次完成端面和凸轮轮廓的粗精加工；第二次装夹，依次完成另一端面、内六边形、ϕ50 外圆、台阶面及 ϕ10 孔的粗精加工。

2）铸件毛坯

如图 10-2(b)所示的铸件毛坯为批量生产的毛坯形式，已在普铣完成上、下两端面的预加工，保证了高度尺寸 25。批量生产时，使用专用夹具能大幅度提高效率。加工中需分两次装夹，第一次装夹以毛坯的凸轮轮廓表面为粗基准，采用板状毛坯装夹方案 2、第一次装夹的原理设计专用夹具，加工端面、内六边形、ϕ50 外圆、台阶面及 ϕ10 孔；第二次装夹以加工好的端面、内六边形、ϕ10 孔为基准，采用板状毛坯方案 1、第二次装夹的原理设计专用夹具，加工凸轮轮廓。

3. 各工序加工余量确定

零件内外轮廓粗加工后，所留的精加工余量为 0.3mm(单边)，ϕ10 孔为 0.2mm。

4. 工艺装备选择

1）机床选择

可以选择经济型三轴控制立式数控铣床。

2）夹具选择

(1) 板状毛坯的装夹。图 10-2(a)所示的板料毛坯为单件生产的形式，可采用两种装夹方案，如表 10-1 所示。

表 10-1　板料毛坯装夹方案

方案 1			方案 2		
装夹步骤	装夹示意图	说明	装夹步骤	装夹示意图	说明
第一次装夹		以平口钳装夹坯件的两平行侧面，加工端面、内六边形、ϕ50 外圆、台阶面及 ϕ10 孔	第一次装夹		以平口钳装夹坯件的两平行侧面，加工端面和凸轮轮廓
第二次装夹		以加工好的端面、内六边形、ϕ10 孔为定位基准，用组合夹具（图 10-3）装夹，加工另一端面和凸轮轮廓	第二次装夹	压紧垫块　衬垫块	以加工好的端面和凸轮轮廓为定位基准，以平口钳加辅助垫块装夹，加工另一端面、内六边形、ϕ50 外圆、台阶面及 ϕ10 孔

方案比较：方案 1 直接采用通用夹具和组合夹具，不需增设夹具设施，但需具备组合夹具。
方案 2 中第二次装夹需增设辅助垫块，在没有组合夹具时采用。

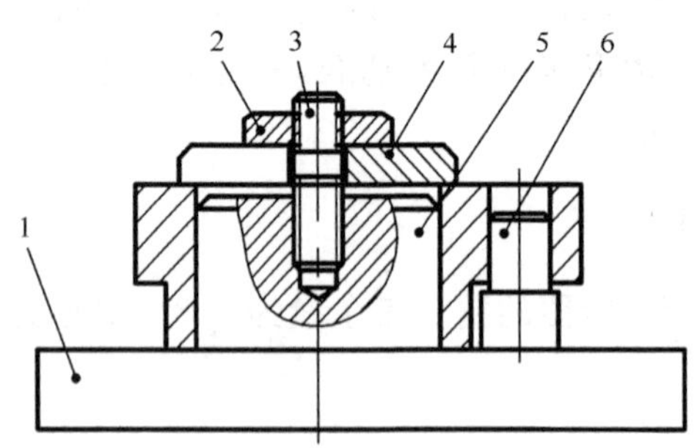

图 10-3　组合夹具装夹

1. 基座；2. 螺母；3. 螺栓；4. 开口垫圈；5. 圆柱销；6. 削边销

(2) 铸造毛坯的装夹。图 10-2(b)所示的铸件毛坯为批量生产的毛坯形式，批量生产时，使用专用夹具能大幅度提高效率。具体装夹分析见前述工艺路线拟定——铸件毛坯。

	数控加工工序卡片	产品型号	10-1	零件图号	10-1	第 1 页	第 1 页
		产品名称	凸轮	零件名称	凸轮	共 1 页	第 1 页

(1)　(2)

车间	工序号	工序名称	材料牌号
现代制造	10	数控铣	45
毛坯种类	毛坯外形尺寸		每台件数
铸件	83×70×26		1
设备名称	设备型号	设备编号	同时加工件数
立式数控铣床	XD-40	CNC01	

夹具编号	夹具名称	切削液	
PKQ01	平口钳	LF350 长效金属切削液	
工位器具编号	工位器具名称	工序工时	
		准终	单件

	工步号	工步内容	工艺设备	主轴转速 /(r/min)	进给速度 /(mm/min)	切削深度/mm	进给次数	刀补地址 半径	刀补地址 长度	工步工时 机动	工步工时 辅助
	1	粗铣 ϕ50 外圆柱面	ϕ16 立铣刀、辅助垫块	500	60	5	2	D01	H01		
	2	粗铣六边形内腔	ϕ10 立铣刀、辅助垫块	800	100	5	5	D01	H01		
描　图	3	精铣 ϕ50 外圆柱面	ϕ10 立铣刀、辅助垫块	1000	80	10	1	D02	H02		
		精铣六边形内腔	ϕ10 立铣刀、辅助垫块	1000	80	25	1	D02	H02		
描　校	4	打中心孔	ϕ4 中心钻、辅助垫块	1500	100	2	1		H03		
	5	钻孔	ϕ7.8 麻花钻、辅助垫块	600	40		1		H04		
底图号	6	铰孔	ϕ10 铰刀、辅助垫块	50	40		1		H05		
	7	翻面，粗铣凸轮轮廓	ϕ16 立铣刀、组合夹具	500	60	5	3	D01	H02		
	精铣	凸轮轮廓	ϕ10 立铣刀、组合夹具	1000	80	25	1	D02	H02		
装订号				设计(日期)	审核(日期)	标准化(日期)	会签(日期)				
	标记	更改文字号	签名	日期	标记	更改文字号	签名	日期			

图 10-4　凸轮零件数控加工工序卡片

3）刀具选择

以铸件毛坯的加工为例，根据工件加工部位的尺寸要求，选择 ϕ100 面铣刀、ϕ20 立铣刀、ϕ10 粗精立铣刀各一把、ϕ4 中心钻、ϕ9.8 麻花钻及 ϕ10 铰刀。

4）量具选择

根据零件图的尺寸精度要求，可以选择通用量具游标卡尺。

以铸件毛坯的加工为例，根据加工工艺，填写工序卡片如图 10-4 所示。

3.10.3 零件加工程序编制

略。

3.10.4 零件加工

略。

拓展练习：按要求加工下图所示零件。

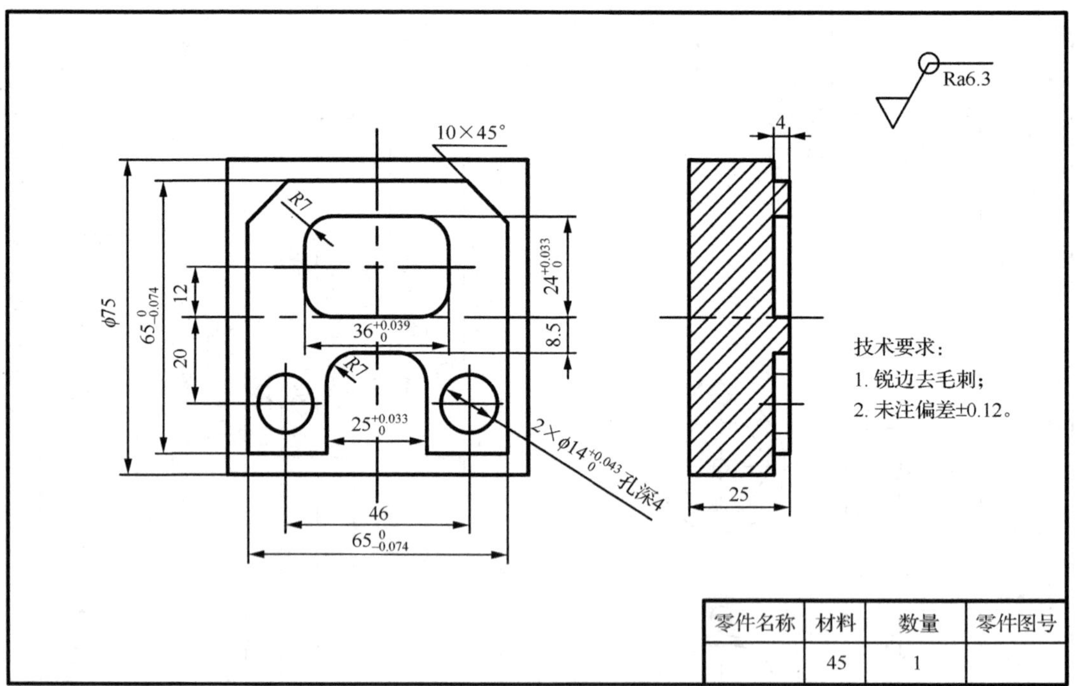

零件名称	材料	数量	零件图号
	45	1	

凸轮零件考核评价

零件图号			操作员		消耗工时	
序号	评价内容	评价等级	评价标准	自评结果（在相应位置打√）	第三方评价结果（在相应位置打√）	
1	安全文明生产	优秀　良好　一般	始终按操作规程进行操作且无事故发生的为优秀，有1次小问题发生的为良好；有2次小问题发生的为一般，不得有重大事故发生	___　___　___	___　___　___	
2	岗位5S作业	优秀　良好　一般	按标准岗位5S作业要求做的为优秀，有1处没做好的为良好；有2处以上没做好的为一般	___　___　___	___　___　___	
3						
4						
5						
6						
7						

注：空白处可根据实际情况自行设定。

任务 11 垫片凸模板螺纹孔零件加工

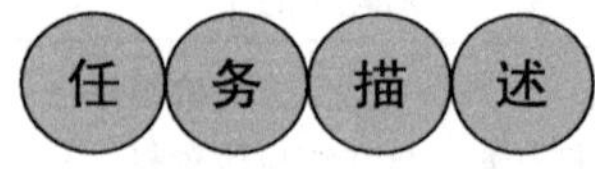

接到“垫片凸模板螺纹孔”零件(图 11-1)加工任务,通过分析,制订出合适的加工工艺,填写加工工序卡,编制出合适的数控加工程序,完成“垫片凸模板螺纹孔”的加工。

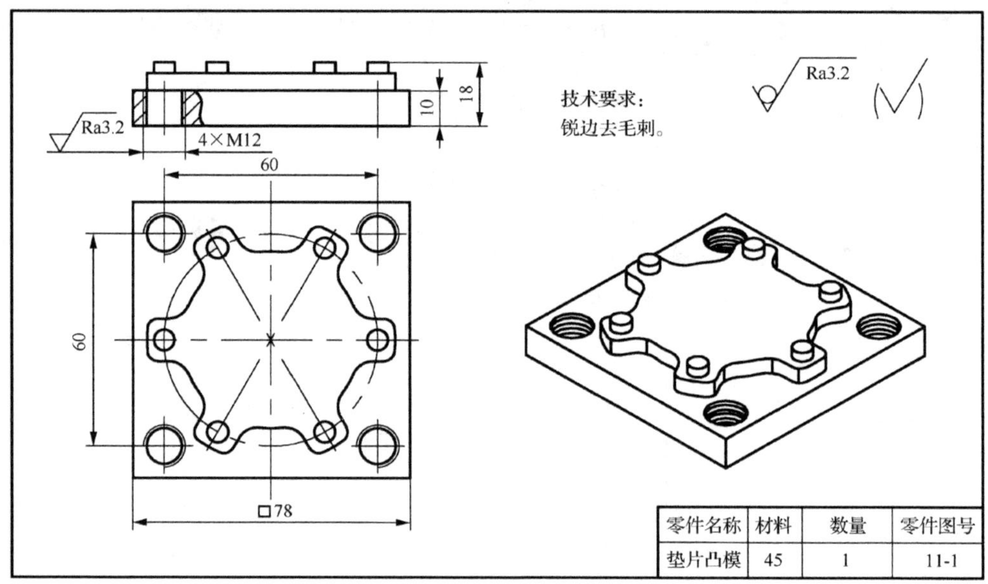

零件名称	材料	数量	零件图号
垫片凸模	45	1	11-1

图 11-1 垫片凸模板螺纹孔

3.11.1 零件分析

1. 零件图分析

零件名称为“垫片凸模板螺纹孔”,零件材料为 45 钢,尺寸标注完整,螺纹孔的孔间距 60mm,孔距精度要求不高,属于自由公差,主要加工重点是保证表面粗糙度为 Ra3.2 和螺纹尺寸。由于孔与孔间有高为 8mm 的工件材料,孔加工和螺纹加工时要注意抬刀高度,避免刀具撞工件。无热处理要求,构成零件轮廓的几何元素完整,属单件小批量生产。

2. 加工工艺性分析

通过零件图 11-1 分析可知,该零件切削加工工艺性好,符合经济型数控铣床的加工范围。

3.11.2　零件加工工艺准备

1. 毛坯选择

本次任务的毛坯用任务5加工好的垫片凸模零件。

2. 工艺路线拟定

1）选择螺纹孔加工的方法

零件表面的粗糙度要求为Ra3.2，可以用钻头钻螺纹底孔后用丝锥攻丝完成。

2）安排加工顺序

由于垫片凸模板（毛坯）已经在上一道工序加工完成，这里只需要加工4×M12×1.75四个螺纹孔。加工时，先钻ϕ10.3底孔，再用M12丝锥进行攻丝。

3. 工艺装备选择

1）机床选择

可以选择经济型三轴控制立式数控铣床。

2）夹具选择

本次生产属于单件小批量生产，所以可以选择通用夹具机用平口钳。

3）刀具选择

为了提高生产率，钻孔可以选择ϕ10.3麻花钻，攻丝可以选择M12×1.75的丝锥。刀具材料为高速钢。

4）量具选择

选择游标卡尺检验孔间距，螺纹塞规检验螺纹。

4. 切削用量选择

1）切削速度v_c

(1) 钻孔。由于工件材料为45钢，刀具材料为硬质合金，查附表1选择切削速度v_c=20m/min。

(2) 攻丝。查相关表选切削速度v_c=3m/min。

2）主轴转速n

(1) 钻孔，计算为

$$n=\frac{1000v_c}{\pi D}=\frac{1000\times 20}{3.14\times 10.5}\approx 606.61(\mathrm{r/min})$$

取n=607r/min。

(2) 攻丝，计算为

$$n=\frac{1000v_c}{\pi D}=\frac{1000\times 3}{3.14\times 12}\approx 79.61(\mathrm{r/min})$$

取n=80r/min。

3）进给速度 v_f

（1）钻孔加工，计算为

$$v_f = a_f z n = 0.1 \times 2 \times 607 = 121.4(\text{mm/min})$$

取 v_f=121mm/min。

（2）攻丝加工。攻丝的进给速度计算为

$$\text{进给速度} = \text{主轴转速} \times \text{螺距}$$

所以

$$v_f = 80 \times 1.75 = 140(\text{mm/min})$$

攻丝的进给速度务必按照此公式计算，否则会乱牙、断丝锥。

综上所述，相关切削参数结果如表 11-1 所示。

表 11-1　切削参数

刀具规格	刀具材料	切削方法	v_c/(m/min)	n/(r/min)	z	a_f/(mm/z)	v_f/(mm/min)
ϕ10.3 麻花钻	高速钢	钻	20	607	2	0.1	121
M12×1.75 丝锥	高速钢	攻丝	3	80	—	—	140

根据加工工艺，填写工序卡片如图 11-2 所示。

3.11.3　零件加工程序编制

1. 工件零点确定

工件零点选择在零件上表面的几何中心位置，如图 11-2 卡片中的图所示。

2. 走刀路线确定

钻孔和攻丝的走刀路线如图 11-3 所示。

3. 节点坐标计算

四个孔的坐标为：(*X*-30.0，*Y*30.0)、(*X*30.0，*Y*30.0)、(*X*-30.0，*Y*-30.0)、(*X*30.0，*Y*-30.0)。

4. 加工程序编制

根据要求，编制出加工参考程序(详见 94 页)。

数控加工工序卡片	产品型号	11-1	零件图号	11-1	第 1 页	第 1 页
	产品名称	垫片凸模	零件名称	垫片凸模	共 1 页	第 1 页

车间	工序号	工序名称	材料牌号	
现代制造	10	数控铣	45	
毛坯种类	毛坯外形尺寸		每台件数	
铸件	78×78×18		1	
设备名称	设备型号	设备编号	同时加工件数	
立式数控铣床	XD-40	CNC01		
夹具编号		夹具名称	切削液	
PKQ01		平口钳	LF350 长效金属切削液	
工位器具编号		工位器具名称	工序工时	
			准终	单件

工步号	工步内容	工艺设备	主轴转速 /(r/min)	进给速度 /(mm/min)	切削深度/mm	进给次数	刀补地址 半径	刀补地址 长度	工步工时 机动	工步工时 辅助
10	钻螺纹孔 M12 的底孔 $\phi 10.3$	$\phi 10.3$ 麻花钻，游标卡尺	607	121	25	1	—	H01		
20	攻丝 M12×1.75 至合格	M12×1.75 丝锥，M12×1.75 塞规	80	140	25	1	—	H02		
30										
40										
50										
60										
70										
80										

描图	描校	底图号	装订号

标记	更改文字号	签名	日期	标记	更改文字号	签名	日期	设计(日期)	审核(日期)	标准化(日期)	会签(日期)

图 11-2　垫片凸模零件数控加工工序卡片

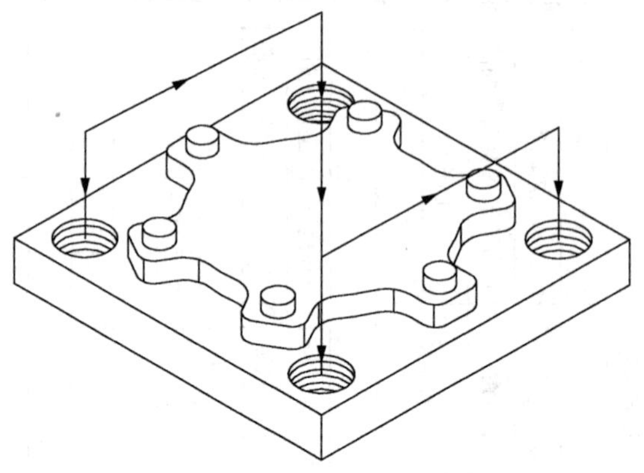

图 11-3　钻孔和攻丝的走刀路线

加工参考程序：

%	%
O0001；（钻孔加工）	O0002；（攻丝加工）
N10 G21 G40 G80 G49 G90；	N10 G21 G40 G80 G49 G90 G94；
N20 M03 S607；	N20 G54 G00 X-30.0 Y30.0；
N30 M08；	N30 M08；
N40 G54 G00 X-30.0 Y30.0；	N40 G43 G00 Z50.0 H01
N50 G43 G00 Z50.0 H01；	N50 M29 S80；
N60 G98　G81 X-30.0 Y30.0 Z-25.0 R10.0 F121；	N60 G98 G84 X-30.0 Y30.0 Z-25.0 R10.0 F140；
N70 X30.0 Y30.0；	N70 X30.0 Y30.0；
N80 X-30.0 Y-30.0；	N80 X-30.0 Y-30.0；
N90 X30.0 Y-30.0；	N90 X30.0 Y-30.0；
N100 G80 M09；	N100 G80 M09；
N110 M05；	N110 M05；
N120 M30；	N120 M30；
%	%

3.11.4　零件加工

略。

拓展练习： 按要求加工下图所示零件。

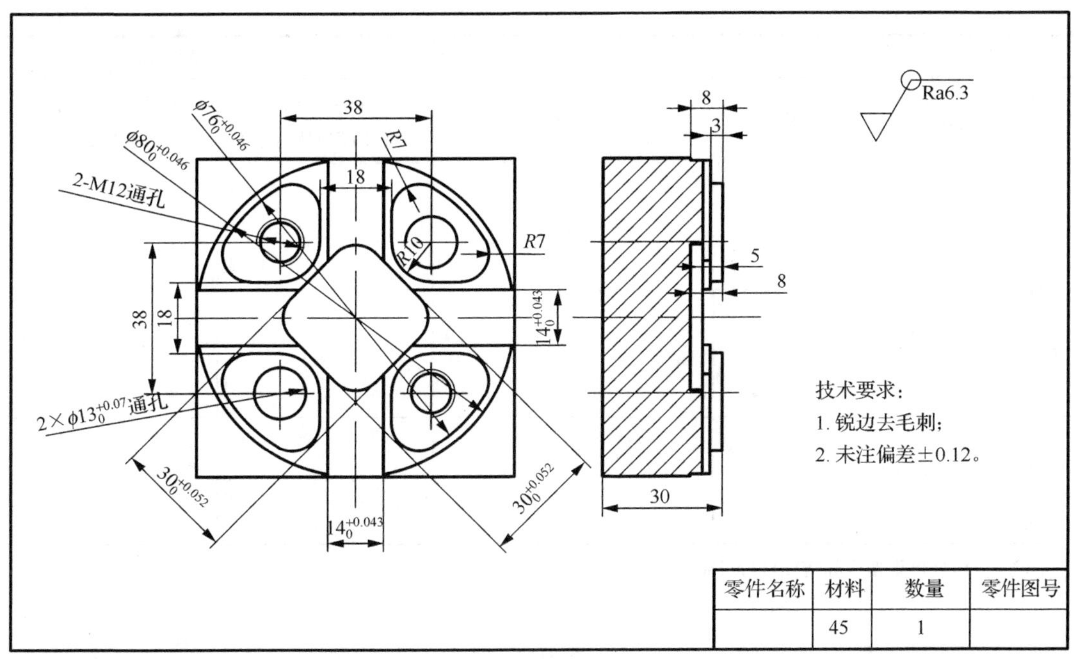

垫片凸模板螺纹孔零件考核评价

零件图号			操作员		消耗工时
序号	评价内容	评价等级	评价标准	自评结果 （在相应位置打√）	第三方评价结果 （在相应位置打√）
1	安全文明生产	优秀 良好 一般	始终按操作规程进行操作且无事故发生的为优秀，有 1 次小问题发生的为良好；有 2 次小问题发生的为一般，不得有重大事故发生	___ ___ ___	___ ___ ___
2	岗位 5S 作业	优秀 良好 一般	按标准岗位 5S 作业要求做的为优秀，有 1 处没做好的为良好；有 2 处以上没做好的为一般	___ ___ ___	___ ___ ___
3					
4					

续表

零件图号			操作员		消耗工时	
序号	评价内容	评价等级	评价标准	自评结果 （在相应位置打√）	第三方评价结果 （在相应位置打√）	
5						
6						
7						

注：空白处可根据实际情况自行设定。

单元 4　曲面铣削加工

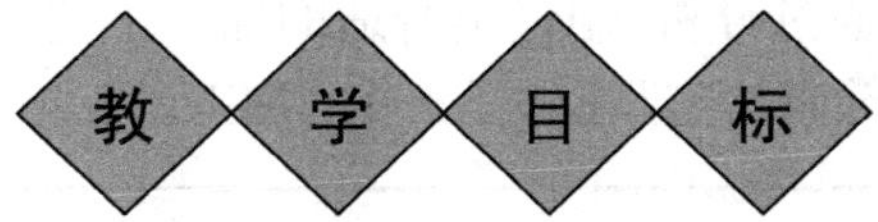

知识目标：

1. 能说出曲面加工的粗精加工策略。
2. 能说出曲面加工用刀方法。

技能目标：

1. 能根据零件图选择合适的刀具。
2. 能编制出曲面加工的程序。
3. 能加工出简单模具型芯型腔。

态度目标：

1. 提高解决问题的能力。
2. 具有职业成就感。
3. 具有良好的沟通能力。

任务 12　健康盐勺凸模仁零件加工

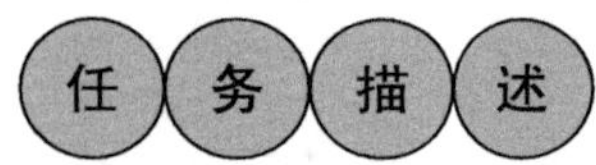

接到"健康盐勺凸模仁"零件加工任务(图 12-1),通过分析,制订出合适的加工工艺,填写加工工序卡,编制出合适的数控加工程序,完成"健康盐勺凸模仁"零件的加工。

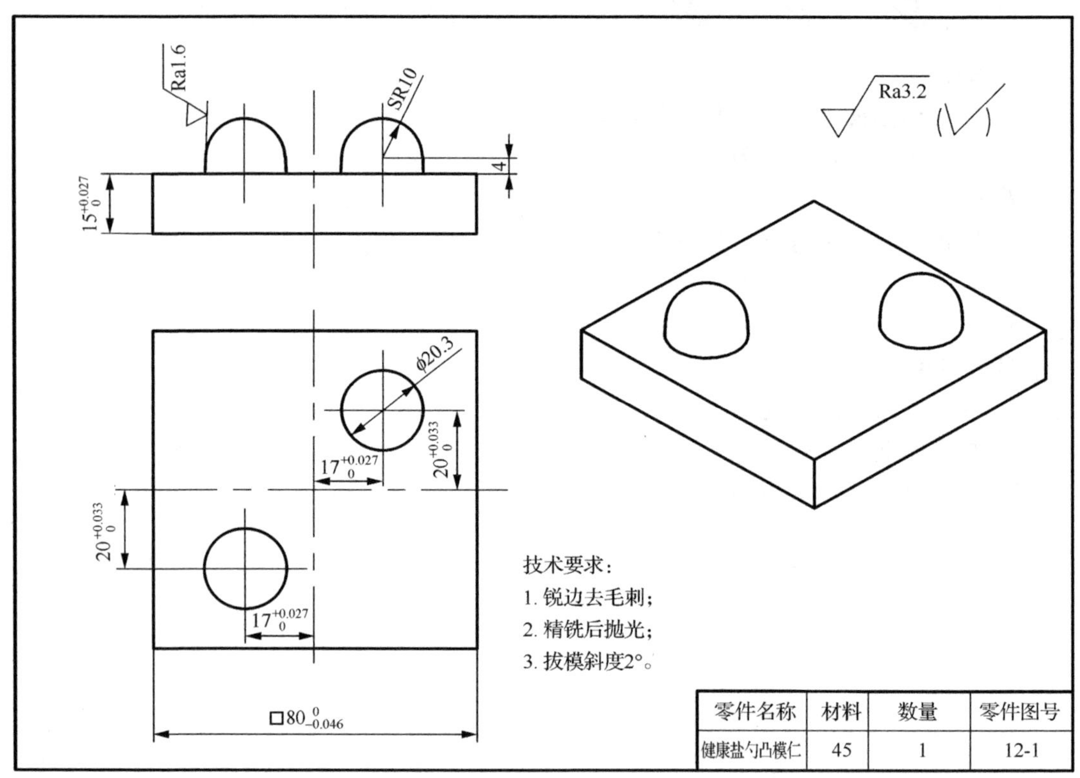

零件名称	材料	数量	零件图号
健康盐勺凸模仁	45	1	12-1

图 12-1　健康盐勺凸模仁零件

4.12.1　零件分析

1. 零件图分析

零件名称为"健康盐勺凸模仁",零件材料为 45 钢,尺寸标注完整,其中零件的长、宽尺寸为 $80^{0}_{-0.046}$,其公差要求较高,是加工时需重点保证的尺寸,其他为自由公差。模仁凸起部分为半球面,球半径尺寸为 SR10.0,球根部有一高为 4 的圆柱且有 2°的拔模角度,模仁工作表面粗糙度要求较高,为 Ra1.6,其他表面粗糙度要求为 Ra3.2,无热处理要求,构成零件轮廓的几何元素简单完整,属单件小批量生产。

2. 加工工艺性分析

通过对零件图分析可知，该零件除尺寸 $80_{-0.046}^{\ 0}$ 需要保证外，模仁工作表面粗糙度要求较高，且有拔模角度，切削加工难度中等，但 Ra1.6 的粗糙度难以在数控铣床上保证，需要在精铣后安排抛光工序。

4.12.2　零件加工工艺准备

1. 毛坯选择

选择尺寸为 $80_{-0.046}^{\ 0}\times 80_{-0.046}^{\ 0}\times 30$、所有表面粗糙度为 Ra3.2 的方料毛坯。

2. 工艺路线拟定

1）选择表面加工的方法

零件要加工表面的粗糙度要求为 Ra1.6，可以粗铣、半精铣、精铣、抛光完成。

2）安排加工顺序

根据毛坯情况，本零件的加工顺序为粗铣、半精铣、清根、精铣、抛光。

3. 各工序加工余量确定

根据毛坯情况可知，粗铣留余量 0.5，半精铣留余量 0.1。

4. 工艺装备选择

1）机床选择

可以选择经济型三轴控制立式数控铣床。

2）夹具选择

本次生产属于单件小批量生产，所以可以选择通用夹具机用平口钳。

3）刀具选择

粗铣和半精铣可以选择 ϕ12R1 的硬质合金牛鼻刀，清根可以用 ϕ12 硬质合金立铣刀，精铣可以选择 ϕ6 的硬质合金球头铣刀，抛光可以选择 $400^{\#}$ 砂纸和手持式超声波抛光机。

4）量具选择

根据零件图的尺寸精度要求，可以选择通用量具游标卡尺和量程为 50～75mm 的外径千分尺。

5. 切削用量选择

粗加工和半精加工可以选择小切深大进给的方式进行。所谓“小切深大进给”，就是说 Z 向下刀较薄一层，比如说下刀 0.05mm 一层，这时，用硬质合金刀，为了提高加工效率，进给速度可以飞得很快，如根据实际情况进给速度 v_f 可达 3000mm/min，主轴转速也要相应加快。

根据工件材料为 45 钢，刀具材料为硬质合金，选择切削速度并计算结果如表 12-1 所示。

表 12-1 选择切削速度及计算结果(一)

刀具规格	刀具材料	加工策略	v_c/(m/min)	n/(r/min)	a_f/(mm/z)	v_f/(mm/min)
ϕ12R1 牛鼻刀	硬质合金	小切深大进给开粗和半精	150	3980	0.2	2000
ϕ6 球头铣刀	硬质合金	精加工	80	4000	0.08	1500
ϕ12 立铣刀	硬质合金	清根	80	2000	0.08	500

根据加工工艺，填写数控加工工序卡片，如图 12-2 所示。

数控加工工序卡片	产品型号	12-1	零件图号	12-1	第 1 页	第 1 页
	产品名称	健康盐勺凸模仁	零件名称	健康盐勺凸模仁	共 1 页	第 1 页

车间	工序号	工序名称	材料牌号
现代制造	10	数控铣	45
毛坯种类	毛坯外形尺寸		每台件数
方块	80×80×30		1
设备名称	设备型号	设备编号	同时加工件数
立式数控铣床	XD-40	CNC01	1

夹具编号	夹具名称	切削液	
PKQ01	平口钳	LF350 长效金属切削液	
工位器具编号	工位器具名称	工序工时	
		准终	单件

工步号	工步内容	工艺设备	主轴转速/(r/min)	进给速度/(mm/min)	切削深度/mm	进给次数	刀补地址 半径	刀补地址 长度	工步工时 机动	工步工时 辅助
10	粗铣轮廓，留余量 0.5	ϕ12R1 硬质合金牛鼻刀	3980	2000	0.1	—	—	H01		
20	半精铣轮廓，留余量 0.1	ϕ12R1 硬质合金牛鼻刀	3980	2000	0.1	—	—	H02		
30	清根	ϕ12 硬质合金立铣刀	2000	500	4	1	D03	H03		
40	精加工曲面	ϕ6 球头铣刀	2000	500	0.08	—	—	H04		

描图　描校　底图号　装订号

标记	更改文字号	签名	日期	标记	更改文字号	签名	日期	设计(日期)	审核(日期)	标准化(日期)	会签(日期)

图 12-2　健康盐勺凸模仁零件数控加工工序卡片

4.12.3 零件加工程序编制

读者可以根据加工工艺要求，用 CAD/CAM 软件出刀路并后处理程序。

4.12.4 零件加工

略。

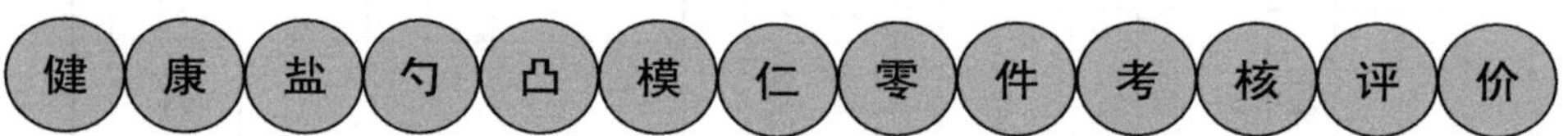

零件图号			操作员		消耗工时
序号	评价内容	评价等级	评价标准	自评结果 （在相应位置打√）	第三方评价结果 （在相应位置打√）
1	安全文明生产	优秀 良好 一般	始终按操作规程进行操作且无事故发生的为优秀，有 1 次小问题发生的为良好；有 2 次小问题发生的为一般，不得有重大事故发生		
2	岗位 5S 作业	优秀 良好 一般	按标准岗位 5S 作业要求做的为优秀，有 1 处没做好的为良好；有 2 处以上没做好的为一般		
3					
4					
5					
6					
7					

注：空白处可根据实际情况自行设定。

任务 13　健康盐勺凹模仁零件加工

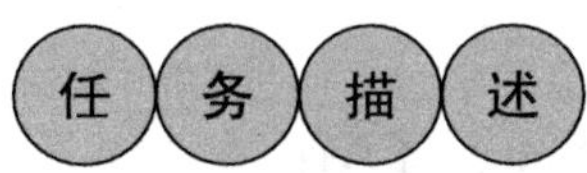

接到“健康盐勺凹模仁”零件加工任务(图 13-1),通过分析,制订出合适的加工工艺,填写加工工序卡,编制出合适的数控加工程序,完成“健康盐勺凹模仁”零件的加工。

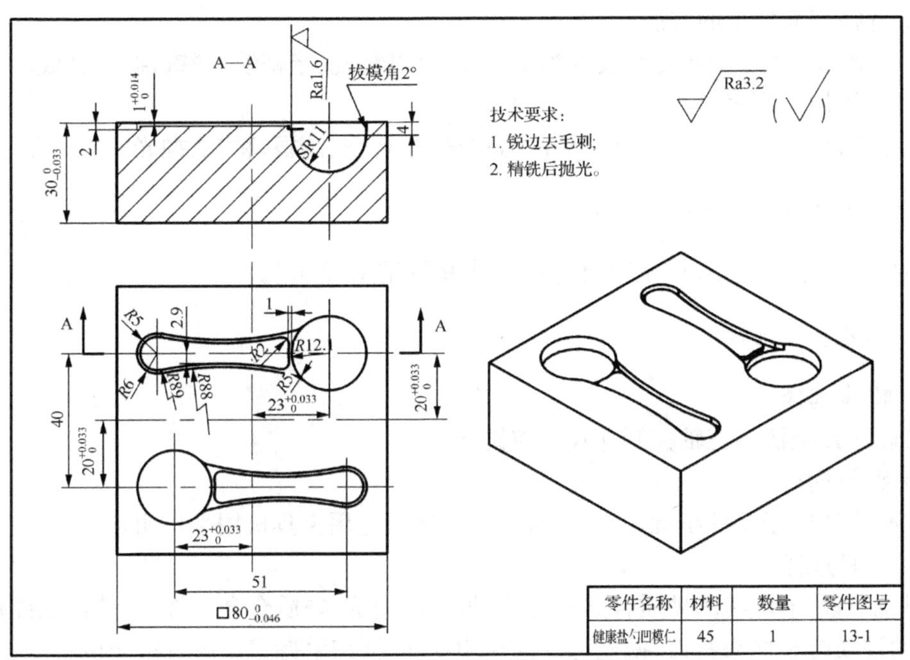

图 13-1　健康盐勺凹模仁零件

4.13.1　零件分析

1. 零件图分析

零件名称为“健康盐勺凹模仁”,零件材料为 45 钢,尺寸标注完整。其中,零件的长、宽尺寸为 $80_{-0.046}^{0}$,其公差要求较高,是加工时需重点保证的尺寸,其他为自由公差。模仁凹部分为半球面,球半径尺寸为 SR11.0,零件开口处有 2°的拔模角度,模仁工作表面粗糙度要求较高,为 Ra1.6,其他表面粗糙度要求为 Ra3.2,无热处理要求,构成零件轮廓的几何元素简单完整,属单件小批量生产。

2. 加工工艺性分析

通过对零件图分析可知,该零件除尺寸 $80_{-0.046}^{0}$ 需要保证外,模仁工作表面粗糙度要求较高,且有拔模角度,切削加工难度中等,但 Ra1.6 的粗糙度难以在数控铣床上保证,需要在精铣后安排抛光工序。

4.13.2 零件加工工艺准备

1. 毛坯选择

选择尺寸为 $80_{-0.046}^{0}\times80_{-0.046}^{0}\times30$、所有表面粗糙度为 Ra3.2 的方料毛坯。

2. 工艺路线拟定

1）选择表面加工的方法

零件要加工表面的粗糙度要求为 Ra1.6，可以粗铣、半精铣、精铣、抛光完成。

2）安排加工顺序

根据毛坯情况，本零件的加工顺序为粗铣、半精铣、清根、精铣、抛光。

3. 各工序加工余量确定

根据毛坯情况可知，粗铣留余量 0.5，半精铣留余量 0.1。

4. 工艺装备选择

1）机床选择

可以选择经济型三轴控制立式数控铣床。

2）夹具选择

本次生产属于单件小批量生产，所以可以选择通用夹具机用平口钳。

3）刀具选择

粗铣可以选择 $\phi4$ 的硬质合立铣刀，清根可以用 $\phi1$ 硬质合金立铣刀，精铣曲面可以选择 $\phi6$ 的硬质合金球头铣刀，抛光可以选择 400# 砂纸和手持式超声波抛光机。

4）量具选择

根据零件图的尺寸精度要求，可以选择通用量具游标卡尺和量程为 50～75mm 的外径千分尺。

5. 切削用量选择

根据工件材料为 45 钢，刀具材料为硬质合金，选择切削速度并计算结果如表 13-1 所示。

表 13-1 选择切削速度及计算结果(二)

刀具规格	刀具材料	加工策略	v_c/(m/min)	n/(r/min)	a_f/(mm/z)	v_f/(mm/min)
$\phi4$ 立铣刀	硬质合金	小切深大进给开粗和半精	150	5000	0.2	2000
$\phi6$ 球头铣刀	硬质合金	精加工	80	5500	0.08	1500
$\phi1$ 立铣刀	硬质合金	清根	80	5500	0.08	500

根据加工工艺，填写数控加工工序卡片如图 13-2 所示。

	数控加工工序卡片	产品型号	12-1	零件图号	12-1	第 1 页	第 1 页
		产品名称	健康盐勺凹模仁	零件名称	健康盐勺凹模仁	共 1 页	第 1 页

车间	工序号	工序名称	材料牌号
现代制造	10	数控铣	45
毛坯种类	毛坯外形尺寸		每台件数
方块	80×80×30		1
设备名称	设备型号	设备编号	同时加工件数
立式数控铣床	XD-40	CNC01	

夹具编号	夹具名称	切削液	
PKQ01	平口钳	LF350 长效金属切削液	
工位器具编号	工位器具名称	工序工时	
		准终	单件

	工步号	工步内容	工艺设备	主轴转速/(r/min)	进给速度/(mm/min)	切削深度/mm	进给次数	刀补地址 半径	刀补地址 长度	工步工时 机动	工步工时 辅助
	10	粗铣凹轮廓，留余量 0.5	ϕ4 硬质合金立铣刀	5000	2000	0.1	—	—	H01		
	20	半精铣凹轮廓，留余量 0.1	ϕ4 硬质合金立铣刀	5000	2000	0.1	—	—	H02		
描图	30	清根	ϕ1 硬质合金立铣刀	5500	500	0.2	—	—	H03		
描校	40	精加工凹曲面	ϕ6 球头铣刀	5500	1500	0.08	—	—	H04		
底图号											
装订号											

标记		更改文字号	签名	日期	标记		更改文字号	签名	日期	设计(日期)	审核(日期)	标准化(日期)	会签(日期)	

图 13-2　健康盐勺凹模仁零件数控加工工序卡片

4.13.3 零件加工程序编制

读者可以根据加工工艺要求，用CAD/CAM软件出刀路并后处理程序。

4.13.4 零件加工

略。

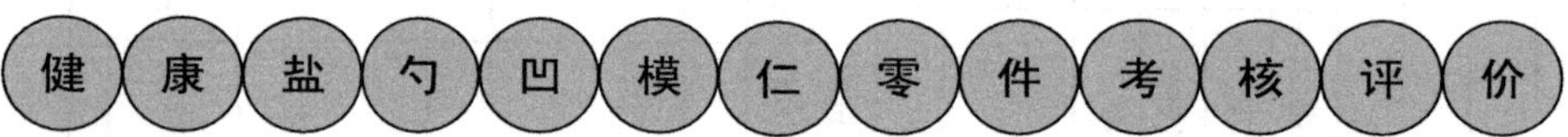

零件图号			操作员		消耗工时
序号	评价内容	评价等级	评价标准	自评结果 （在相应位置打√）	第三方评价结果 （在相应位置打√）
1	安全文明生产	优秀 良好 一般	始终按操作规程进行操作且无事故发生的为优秀，有1次小问题发生的为良好；有2次小问题发生的为一般，不得有重大事故发生	____ ____ ____	____ ____ ____
2	岗位5S作业	优秀 良好 一般	按标准岗位5S作业要求做的为优秀，有1处没做好的为良好；有2处以上没做好的为一般	____ ____ ____	____ ____ ____
3					
4					
5					
6					
7					

注：空白处可根据实际情况自行设定。

单元 5　组合件加工

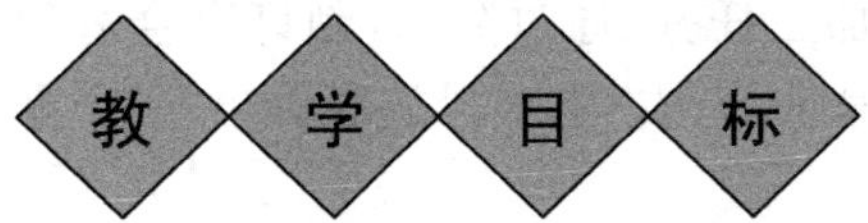

知识目标：

1. 掌握组合件加工的注意要点。
2. 掌握组合件公差配合要求。

技能目标：

1. 能编写组合零件加工工艺卡。
2. 能编写组合零件铣削加工程序。
3. 能完成组合零件的铣削加工。

态度目标：

1. 养成良好质量意识。
2. 养成工作中共同协作的良好作风。

任务 14 十字滑块联轴器铣削加工

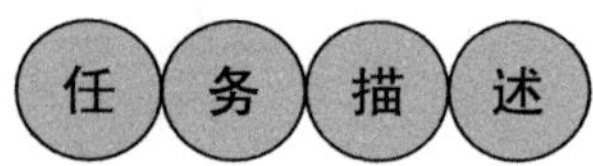

接到“十字滑块联轴器”零件(图 14-1～图 14-3)加工任务,通过分析,制订出合适的加工工艺,填写加工工序卡,编制出合适的数控加工程序,完成“十字滑块联轴器”3 个零件的加工。

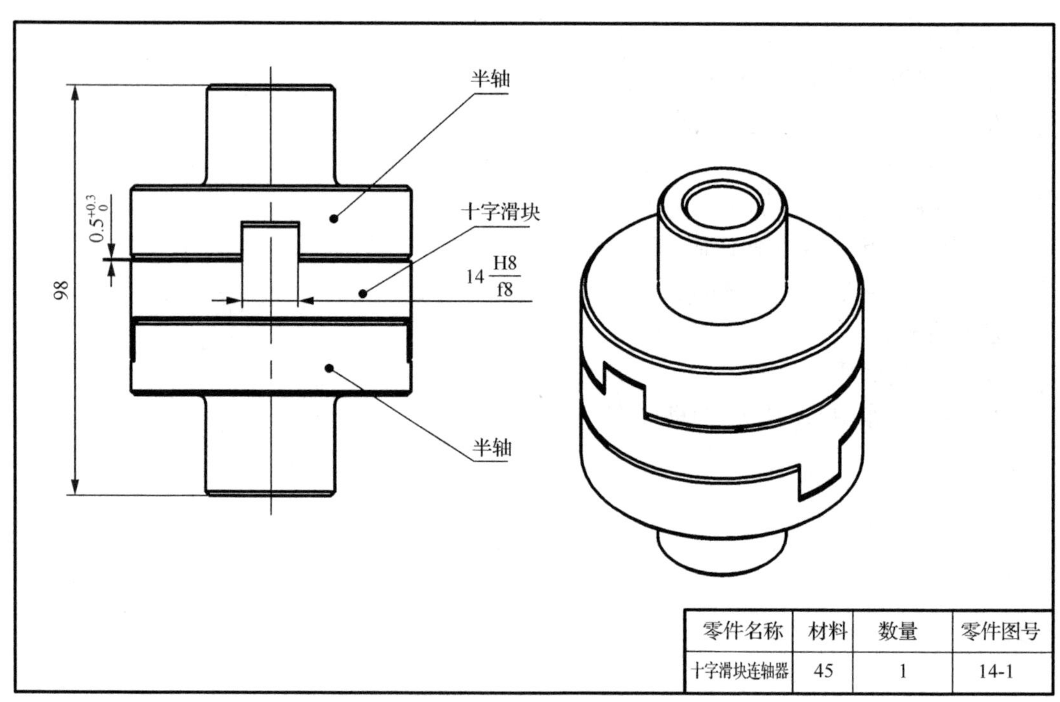

零件名称	材料	数量	零件图号
十字滑块连轴器	45	1	14-1

图 14-1 十字滑块联轴器装配

5.14.1 零件分析

1. 零件图分析

1) 十字滑块零件图分析

零件材料为 45 钢,本工序加工前已加工好外圆与内孔,本工序铣削加工内容是铣出滑块的凸台。滑块凸台宽 14f8($^{-0.016}_{-0.043}$),滑块凸高 10,自由公差。加工的表面粗糙度要求为 Ra3.2 和 Ra6.3,构成零件轮廓的几何元素完整。

2) 半轴零件图分析

零件材料为 45 钢,本工序加工前已加工好外圆与内孔,本工序铣削加工内容是铣滑块槽。槽宽 14H8($^{+0.027}_{0}$),槽深 9.3,自由公差。加工的表面粗糙度要求为 Ra3.2 和

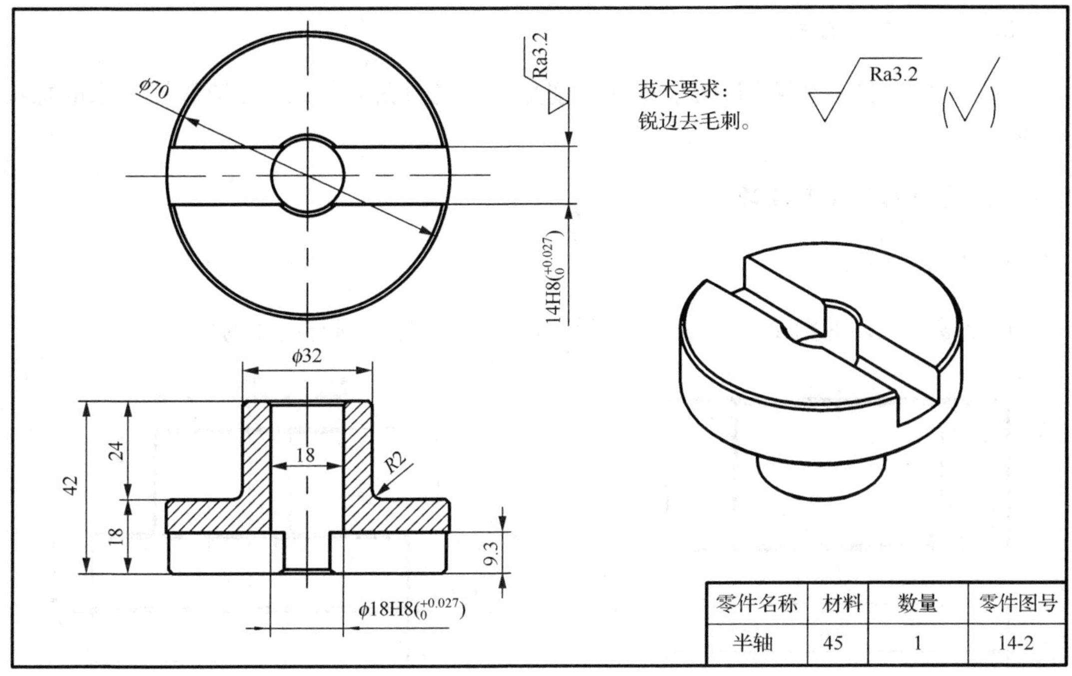

零件名称	材料	数量	零件图号
半轴	45	1	14-2

图 14-2　半轴零件

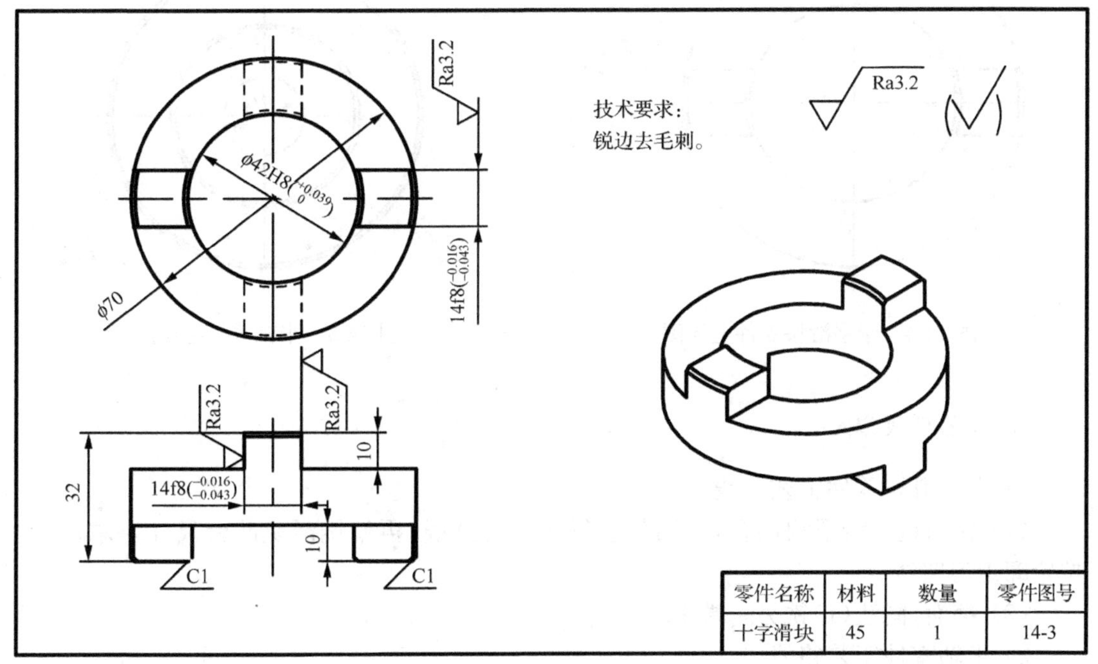

零件名称	材料	数量	零件图号
十字滑块	45	1	14-3

图 14-3　十字滑块零件

Ra6.3，构成零件轮廓的几何元素完整。

2. 加工工艺性分析

通过对零件图分析可知，两个零件切削加工工艺性好，符合经济型数控铣床的加工范围。

5.14.2 零件加工工艺准备

1. 毛坯选择

两个零件毛坯如图 14-4 和图 14-5 所示，已完成坯件外圆与内孔的加工。

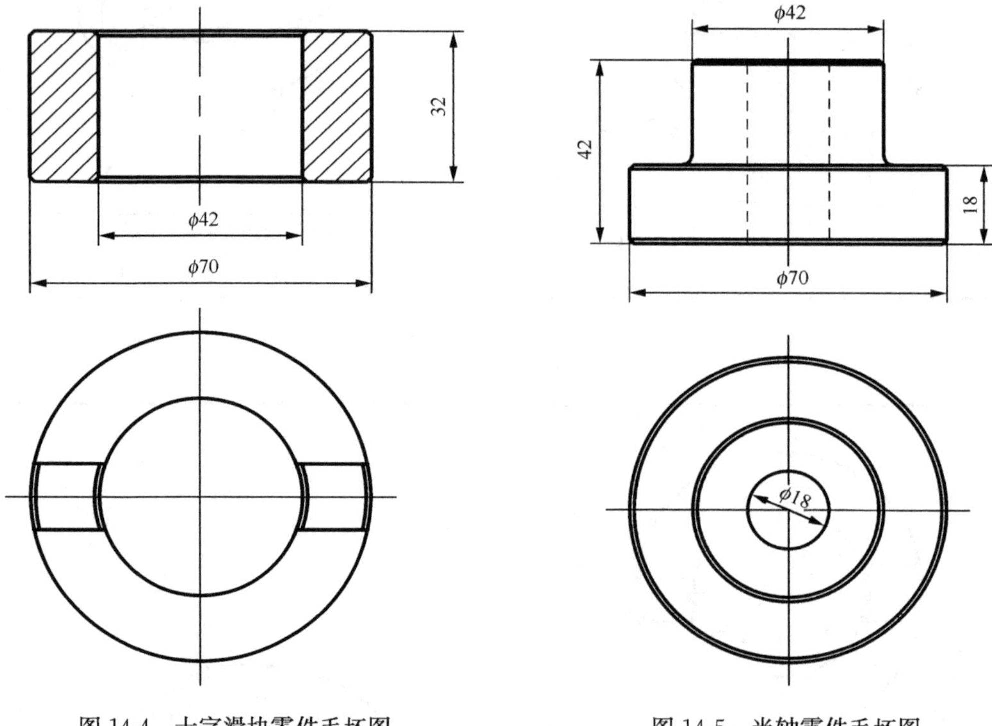

图 14-4　十字滑块零件毛坯图　　图 14-5　半轴零件毛坯图

2. 工艺路线拟定

1）十字滑块零件工艺路线

(1) 先粗铣一端滑块凸台，采用分层行切走刀路线；再精铣滑块凸台尺寸要求，采用按轮廓走刀路线。

(2) 翻面，同法(1)铣另一端滑块凸台。

2）半轴零件工艺路线

刀具直径 $\phi12$，槽宽带 14，粗铣直接在滑块槽中心线分层往复铣，粗铣后单边余量有 1mm，可先半精铣一次，再精铣，半精铣和精铣都按滑块槽轮廓走刀路线顺铣。

3. 各工序加工余量确定

两个零件粗加工后留精铣的单边加工余量为 0.5mm。

4. 工艺装备选择

1）机床选择

可以选择经济型三轴控制立式数控铣床。

2）夹具选择

本次生产属于单件小批量生产，工件毛坯形状是圆形，选择通用的机用平口钳和 V 形块辅助装夹。

3）刀具选择

根据工件加工部位的尺寸，选择 2 把 $\phi 12$ 键槽铣刀，即一把粗铣、一把精铣加工。

4）量具选择

根据零件图的尺寸精度要求，选择精度较高的带表游标卡尺（或外径千分尺、内径千分尺）和深度尺。

5. 切削用量选择

1）切削速度 v_c

工件材料为 45 钢，刀具材料为高速钢，查附表 1 选择切削速度：粗铣 $v_c=25\text{m/min}$，精铣 $v_c=30\text{m/min}$。

2）主轴转速 n

粗铣：$n=\dfrac{1000v_c}{\pi D}=\dfrac{1000\times 25}{3.14\times 12}\approx 663.4(\text{r/min})$

取整数 $n=660\text{r/min}$。

精铣：$n=\dfrac{1000v_c}{\pi D}=\dfrac{1000\times 30}{3.14\times 12}\approx 796.2(\text{r/min})$

取整数 $n=800\text{r/min}$。

3）进给速度 v_f

查附表 2 选择每齿进给量：

粗铣：$a_f=0.10\text{mm/z}$，　$v_f=a_f zn=0.10\times 2\times 660=132(\text{mm/min})$

取整数 $v_f=130\text{mm/min}$。

精铣：$a_f=0.05\text{mm/z}$，　$v_f=a_f zn=0.05\times 2\times 800=80(\text{mm/min})$

根据加工工艺，填写工序卡片如图 14-6 所示。

数控加工工序卡片	产品型号	14-1	零件图号	14-3	第 1 页	第 1 页
	产品名称	十字滑块联轴器	零件名称	十字滑块	共 2 页	第 1 页

车间	工序号	工序名称	材料牌号
现代制造	20	数控铣	45
毛坯种类	毛坯外形尺寸		每台件数
圆型	$\phi70\times32$		1
设备名称	设备型号	设备编号	同时加工件数
立式数控铣床	XD-40	CNC01	
夹具编号	夹具名称	切削液	
PKQ01	机用平口钳、V 形块	LF350 长效金属切削液	
工位器具编号	工位器具名称	工序工时 准终	工序工时 单件

	工步号	工步内容	工艺设备	主轴转速 /(r/min)	进给速度 /(mm/min)	切削深度/mm	进给次数	刀补地址 半径	刀补地址 长度	工步工时 机动	工步工时 辅助
	1	粗铣上表面滑块凸台至宽 15、深 10	$\phi12$ 键槽铣刀、V 型块、等高垫铁	660	130	5	2		H01		
	2	精铣上表面滑块凸台合尺寸宽 14f8-0.016-0.043、深 10，保证粗糙度 Ra3.2、Ra6.3	$\phi12$ 键槽铣刀、V 型块、等高垫铁	800	80	10	1		H02		
描　图	3	翻面，粗铣下表面滑块凸台至宽 15、深 10	$\phi12$ 键槽铣刀、V 型块、等高垫铁	660	130	5	2		H01		
描　校	4	精铣下表面滑块凸台合尺寸宽 14f8-0.016-0.043、深 10，保证粗糙度 Ra3.2、Ra6.3	$\phi12$ 键槽铣刀、V 型块、等高垫铁	800	80	10	1		H02		
	5										
底图号	6										
	7										

装订号										设计(日期)	审核(日期)	标准化(日期)	会签(日期)
	标记	更改文字号	签名	日期	标记	更改文字号	签名	日期					

图 14-6　十字滑块联轴器零件数控加工工序卡片

5.14.3　零件加工程序编制

1）工件零点确定

两零件的工件零点选择在零件上表面的几何中心位置，如图 14-6 卡片中的图所示。

2）走刀路线确定

(1) 十字滑块零件。

① 铣削方式。铣削方式粗铣采用分层行切路线，精铣采用按滑块轮廓顺铣。

② 下刀方式。在毛坯外面空旷处垂直下刀，保证下刀时刀具不碰到工件。

③ 切入切出路线。采取直线切入切出的路线。走刀路线如图 14-7 和图 14-8 所示。

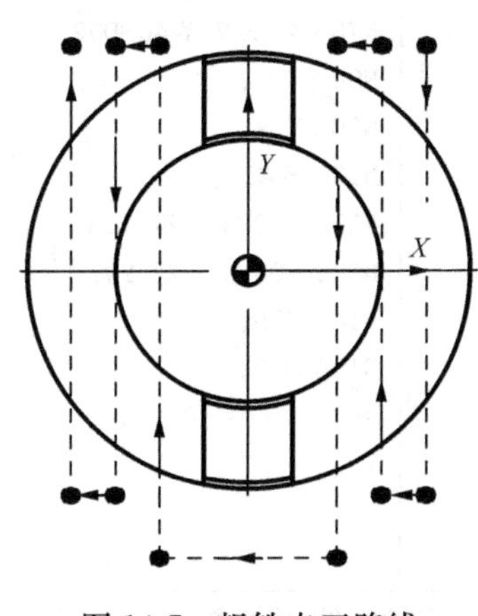

图 14-7　粗铣走刀路线

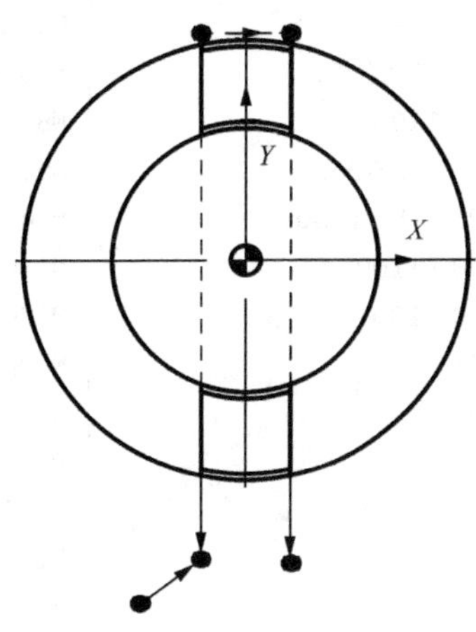

图 14-8　精铣走刀路线

(2) 半轴零件。走刀路线如图 14-9 和图 14-10 所示。

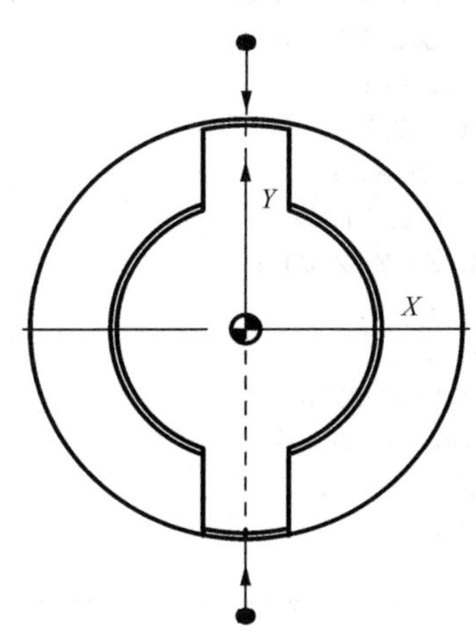

图 14-9　粗铣走刀路线

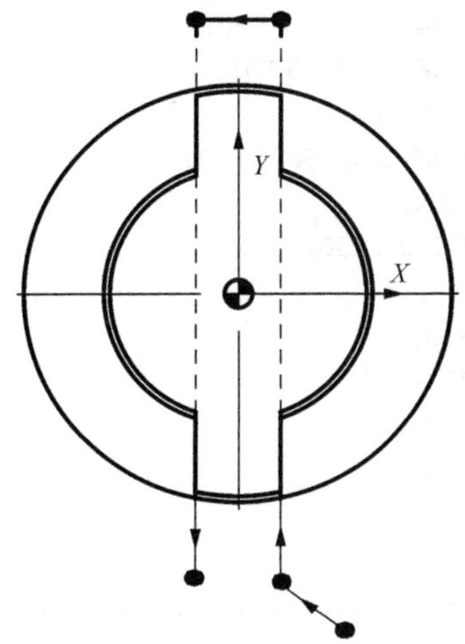

图 14-10　精铣走刀路线

3）节点坐标计算

按走刀路线计算粗、精加工节点坐标。

4）加工程序编制

根据要求，编制出铣十字滑块和半轴零件的参考程序如下：

十字滑块粗铣程序	十字滑块粗铣程序	十字滑块精铣程序
01000(粗铣主程序)； N10 G21 G40 G80 G54 G90； N20 G43 G00 Z100. H01； N30 M03 S660； N40 G00 X34. Y-36. ； N50 M08； N60 G00 Z5. ； N70 G01 Z-5. F130； N80 M98 P1100； N90 G00 X34. Y-36. ； N100 G01 Z-10. F130； N110 M98 P1100； N120 G00 Z100. N130 M05 N140 M30 %	01100(粗铣子程序)； N10 Y36. ； N20 X27. ； N30 Y-36. ； N40 X20. ； N50 Y36. ； N60 X13. 5； N70 Y-44. ； N80 X-13. 5； N90 Y36. ；；； N100 X-20； N110 Y-36. ； N120 X-27； N130 Y36. ； N140 X-34； N150 Y-36. ； N160 G00 Z5. N170 M99 %	01200； N10 G21 G40 G80 G54 G90； N20 G43 G00 Z50. 0 H02； N30 M03 S800； N40 G00 X-17. Y-50. ； N50 G00 Z5. M08； N60 G01 Z-10. F80； N70 G41 X-7. Y-46. D02； N80 Y36. ； N90 X7. ； N100 Y-45. ； N130 G00 G49 Z100. ； N140 G00 G40 X0 Y0； N140 M05； N150 M30； %

半轴零件粗铣程序	半轴零件(半精铣)精铣程序
% 02000； N10 G21 G40 G80 G54 G90； N20 G43 G00 Z100. 0 H01； N30 M03 S660； N40 G00 X0. Y-45. S800 M03； N50 Z5. M08； N60 G01 Z-5. F130； N70 Y45. ； N80 Z-9. 3； N90 Y-45. ； N100 G0 Z100. ； N110 M05； N120 M30； %	% 02200； N10 G21 G40 G80 G54 G90； N20 G43 G00 Z100. H02； N30 M03 S800； N40 G00 X17. Y-50. ； N50 G00 Z5. M08； N60 G01 Z-9. 3 F80； N70 G41 X7. Y-42. D02； N90 X-7. ； N100 Y-50. ； N130 G00 G49 Z100. ； N140 G00 G40 X0 Y0； N150 M05； N160 M30； %

5.14.4 零件加工

略。

拓展练习：按照要求加工下图所示零件。

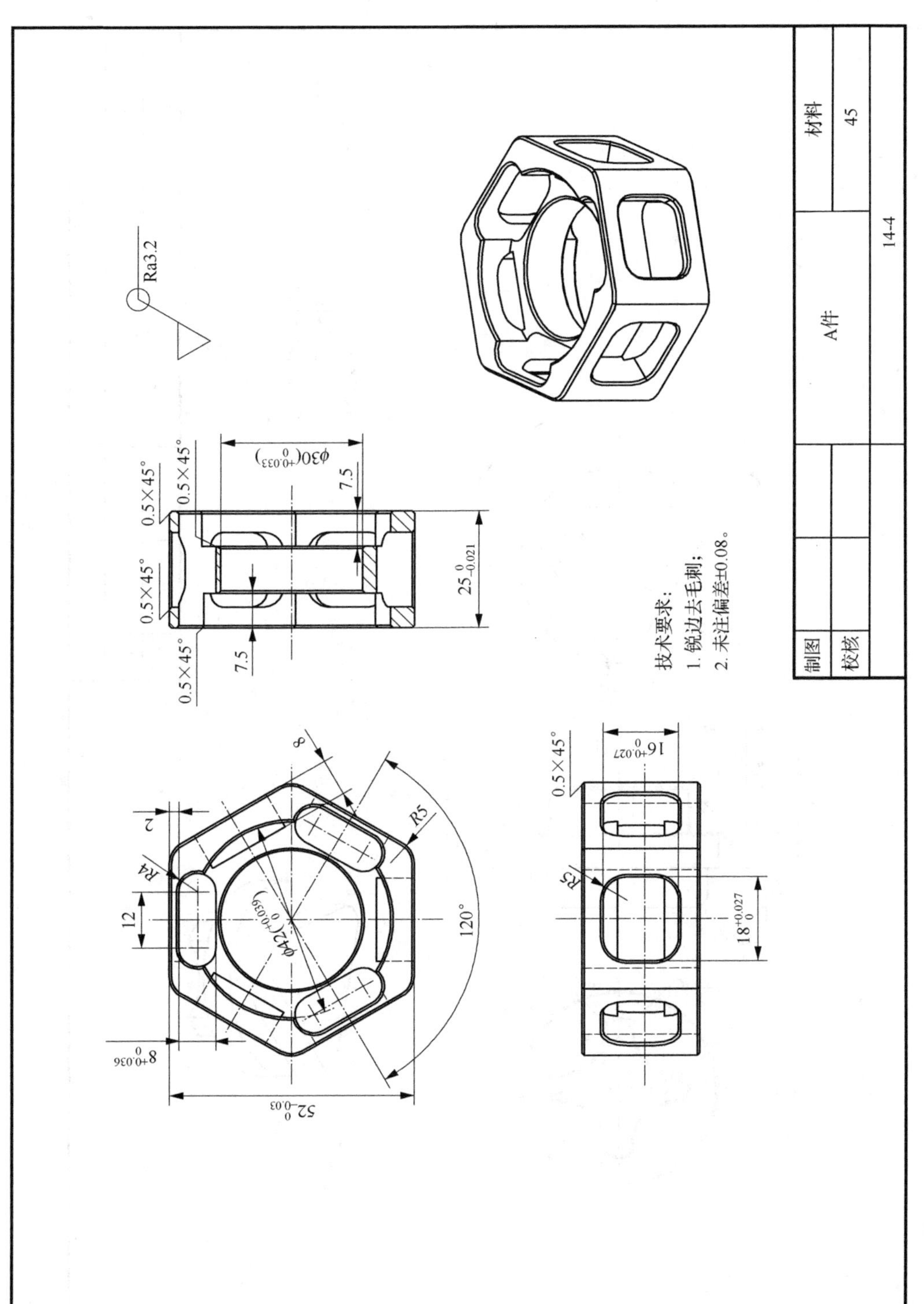
Ra3.2
技术要求：
1. 锐边去毛刺；
2. 未注偏差±0.08。
材料
45
A件
14-4
制图
校核

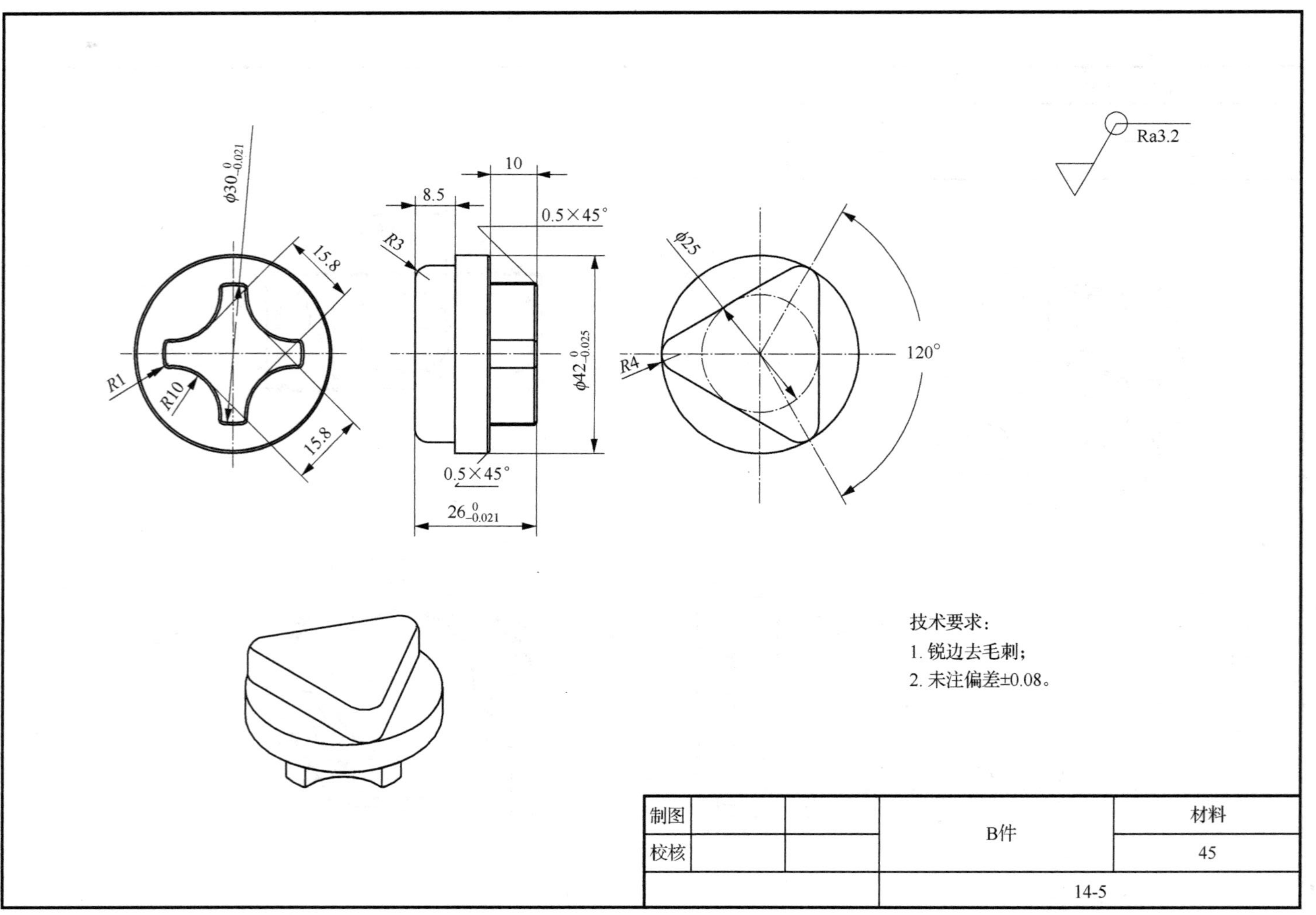
ϕ30$^{0}_{-0.021}$
15.8
15.8
R1
R10
10
8.5
0.5×45°
R3
ϕ42$^{0}_{-0.025}$
0.5×45°
26$^{0}_{-0.021}$
ϕ25
R4
120°
Ra3.2
技术要求：
1. 锐边去毛刺；
2. 未注偏差±0.08。
制图
校核
B件
材料
45
14-5

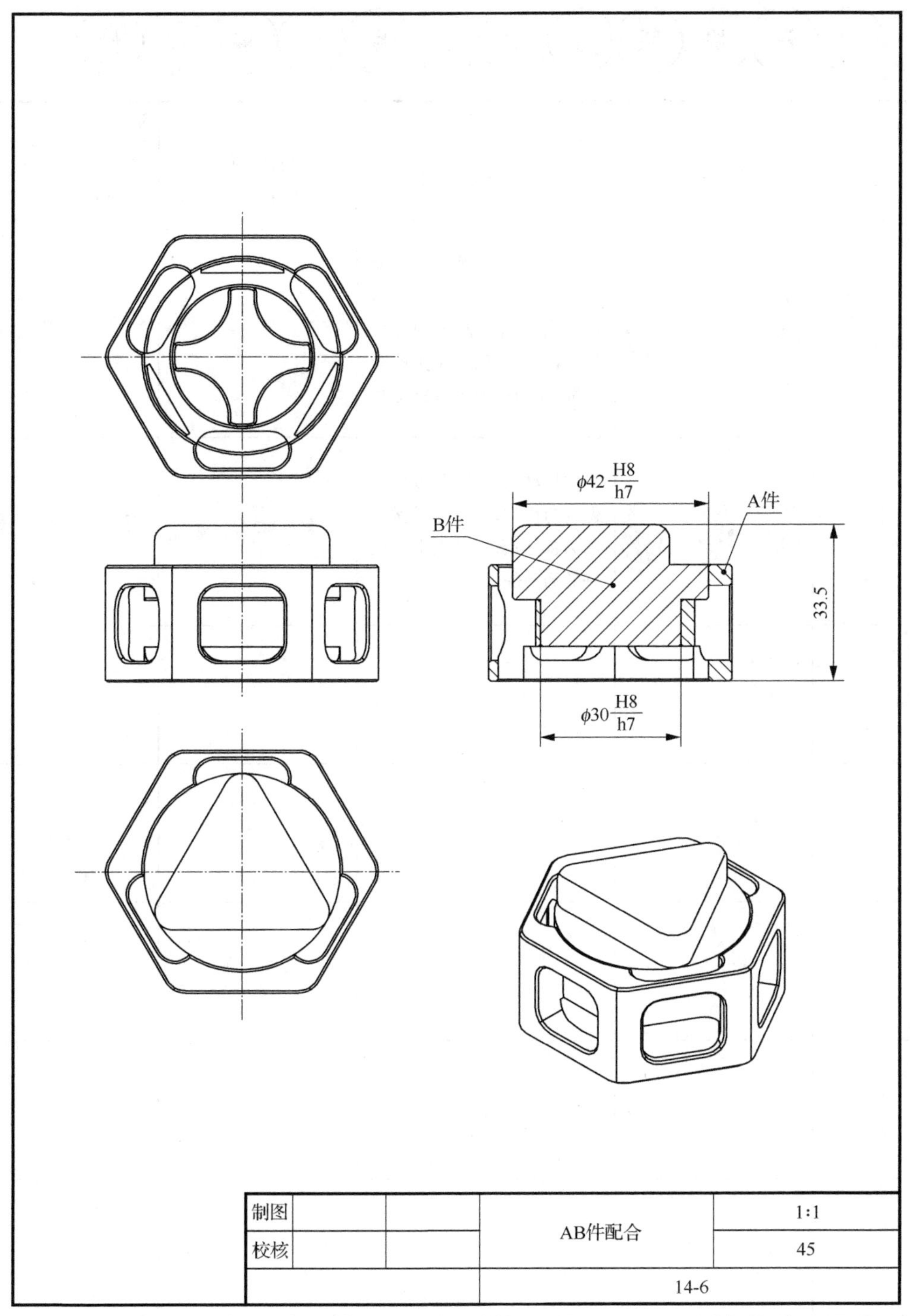
φ42 H8/h7
A件
B件
33.5
φ30 H8/h7
制图
校核
AB件配合
1:1
45
14-6

十字滑块联轴器零件考核评价

零件图号			操作员		消耗工时	
序号	评价内容	评价等级	评价标准	自评结果 (在相应位置打√)	第三方评价结果 (在相应位置打√)	
1	安全文明生产	优秀 良好 一般	始终按操作规程进行操作且无事故发生的为优秀，有1次小问题发生的为良好;有2次小问题发生的为一般,不得有重大事故发生	___ ___ ___	___ ___ ___	
2	岗位5S作业	优秀 良好 一般	按标准岗位5S作业要求做的为优秀,有1处没做好的为良好;有2处以上没做好的为一般	___ ___ ___	___ ___ ___	
3						
4						
5						
6						
7						

注：空白处可根据实际情况自行设定。

附　　录

附表1　铣削加工常用切削速度 v_c 参考值　　　(单位：m/min)

工件材料		铸铁		钢及其合金		铝及其合金	
刀具材料		高速钢	硬质合金	高速钢	硬质合金	高速钢	硬质合金
铣	粗铣	10～20	40～60	15～45	50～80	150～200	350～500
	精铣	20～30	60～120	20～40	80～150	200～300	500～800
镗	粗镗	20～25	35～50	15～30	50～70	80～150	100～200
	精镗	30～40	60～80	40～50	90～120	150～300	200～400
钻孔		15～25	—	10～20	—	50～70	—
扩孔	通孔	10～15	30～40	10～20	35～60	30～40	—
	沉孔	8～12	25～30	8～11	30～50	20～30	—
铰孔		6～10	30～50	6～20	20～50	50～75	—
攻螺纹		2.5～5	—	1.5～5	—	5～15	—

附表2　铣削加工每齿进给量 a_f 经验值　　　(单位：mm/z)

铣削方法		粗铣		精铣	
刀具材料		高速钢铣刀	硬质合金铣刀	高速钢铣刀	硬质合金铣刀
工件材料	钢	0.1～0.15	0.1～0.25	0.02～0.05	0.10～0.15
	铸铁	0.12～0.20	0.15～0.30		

附表 3　设备日常保养点检表

设备名称：立式数控铣床			型号：XD-40A			机台号：												年　月							（第1页，共1页）											
序号	检查点	检查内容	点检方法	点检状态	班次	1	2	3	4	5	6	7	8	9	10	11	12	13	14	15	16	17	18	19	20	21	22	23	24	25	26	27	28	29	30	31
1	气阀管路总开关、压缩空气连接机床管路接头	空气压缩机开启后：开启或关闭状态，气阀总开关处或附近管路无漏气现象 气管接头：1. 气管接头良好，无漏气声；2. 气管无破损，无漏气	看、听	开、关	A																															
					B																															
2	气压系统（气路、油雾器）	源压力不小于0.7MPa，油雾器清洁透明，润滑油外观良好，无污染，油量在绿线内	看	关	A																															
					B																															
3	空气换向阀和气	1. 气管接头良好，无漏气声 2. 气管无破损，无漏气	看、手动、听	开	A																															
					B																															
4	设备电源总开关 机床电源总开关	设备电源总开关： 1. 开关开启无明显烧焦臭味 2. 电线线路内部无外露 机床电源总开关： 1. 能正常开启并旋到位 2. 开启时无异常、无异味	看、试、嗅	开、关	A																															
					B																															
5	机床床身外设电源插座及上端插头	1. 插座位置正确，无明显松脱现象（目视）、无异味（嗅） 2. 电线线路无外露（目视）、无异味（嗅） 3. 插座上插头无松动，连接可靠（看、手动）	看、嗅、手动	关	A																															
					B																															
6	连接电脑数据线接头机床端	数据线接头紧固可靠、连接螺钉无松动	看、试	关	A																															
					B																															
7	设备正面及配用电脑	1. 机床外观各处标识及固定装置无失常；2. 机床门窗能正关闭；3. 透视观察部分清晰；4. 能正常开机，并能正常开启相关软件及运用；5. 警示灯无报警	看、试	开、关	A																															
					B																															
8	机床各部位	开机运转正常，无异味，无异常响声	看、听、嗅	开	A																															
					B																															
9	润滑系统（润滑油箱油位）	1. 压力表指针在绿色范围内 2. 润滑油箱油位不超过H刻度，不低于L刻度油箱油位计指示的油位 3. 润滑油外观良好，无污染	看	关	A																															
					B																															
注：1. 依据《设备日常点检标准》来执行点检作业 2. 填写办法：无异常填○、异常填×、异常处理OK后在×外加○变成⊗				点检人	A																															
					B																															

附表 4　FANUC Series Oi Mate-MC 常用指令

代码	组别	功能	代码	组别	功能
G00	1	快速点定位*	G54	14	选择工件坐标系 1*
G01		直线插补	G55		选择工件坐标系 2
G02		顺时针圆弧插补(CW)	G56		选择工件坐标系 3
G03		逆时针圆弧插补(CCW)	G57		选择工件坐标系 4
G04	0	暂停(Dwell)	G58		选择工件坐标系 5
G09		精确定位	G59		选择工件坐标系 6
G10		可编程数据输入			
G11		可编程数据输入方式取消	G60	00/01	单方向定位
G15	17	极坐标系指令取消*	G61	15	准确停止方式
G16		极坐标系指令生效	G62		自动拐角倍率
G17	2	*XY* 平面选择*	G63		攻丝方式
G18		*XZ* 平面选择	G64		连续切削方式
G19		*YZ* 平面选择	G65	0	宏指令调用
G20	6	英制输入	G66	10	宏指令模态调用
G21		公制输入*	G67		宏指令模态调用取消
G22	4	存储行程检测功能有效	G68	16	坐标旋转/三维坐标转换
G23		存储行程检测功能无效	G69		坐标旋转取消/三维坐标转换取消*
G25	24	主轴速度波动监测功能无效	G73	9	排屑钻孔循环(高速深孔钻循环)
G26		主轴速度波动监测功能有效	G74		左旋攻丝循环
G27	0	返回参考点检查	G76		精镗循环
G28		返回参考点	G80		固定循环取消*
G29		从参考点返回	G81		钻孔循环、点钻循环
G30		返回第二参考点	G82		钻孔循环或忽镗循环
G32	1	螺纹切削	G83		排屑钻孔循环(深孔钻循环)
G40	7	刀具半径补偿取消*	G84		攻丝循环
G41		刀具半径左补偿	G85		镗孔循环
G42		刀具半径右补偿	G86		镗孔循环
G43	8	正向刀具长度补偿	G87		背镗循环
G44		负向刀具长度补偿	G88		镗孔循环
G45	0	刀具偏置值增加	G89		镗孔循环
G46		刀具偏置值减小	G90	3	绝对值指令*
G47		2 倍刀具偏置值	G91		增量值指令
G48		1/2 倍刀具偏置值	G92	0	设定工件坐标系或最高主轴速度钳制

续表

代码	组别	功能	代码	组别	功能
G49	0	刀具长度补偿取消*	G94	5	每分进给*
G50	11	比例缩放取消*	G95		每转进给
G51		比例缩放有效	G96	13	恒线速度控制
G50.1	22	取消可编程镜像	G97		恒线速度控制取消*
G51.1		设置可编程镜像	G98	10	固定循环返回到初始平面*
G52	0	设置局部坐标系	G99		固定循环返回到 R 平面
G53		选择机床坐标系			
G05	0	高速循环加工			
G31	0	跳跃功能			
G33	1	等螺距螺纹切削			
G37	0	刀具长度自动测量			
G39		拐角偏置圆弧插补			
G93	5	时间倒数进给			

注：1.“*”为开机时系统的起始设定功能即默认值，如 G40、G49、G80 等。

2. 属于“00 组群”的 G 代码为非模态 G 代码；“00 组群”以外的 G 代码为模态 G 代码。

3. 在同一程序段中，同一组群的 G 代码仅能设定一个，若重复设定，则以最后一个 G 代码有效。

附表 5　辅助功能 M 指令

M00	程序暂停	M11	夹头闭合
M01	选择停止	M15	工件计数
M02	程序结束	M16	工件计数清零
M03	主轴正转	M18	主轴定向停止解除
M04	主轴反转	M19	主轴定向停止
M05	主轴停止	M30	程序结束返回
M06	换刀	M60	刀具库回零
M08	冷却液开	M98	调用子程序
M09	冷却液关	M99	子程序结束
M10	夹头松		

主要参考文献

陈宏钧.2009.机械加工工艺设计员手册[M].北京:机械工业出版社.
金福吉.2012.现代制造技术——数控车铣技术案例·分析·点评[M].北京:机械工业出版社.
兰松云.2010.数控铣编程与实训教程[M].北京:电子工业出版社.
周伟平.2002.机械制造技术[M].武汉:华中科技大学出版社.